人生总会有办法

思路决定出路

连山 编著

中国华侨出版社

北京

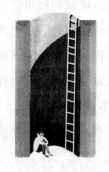

　　每天，从我们睁开眼睛的那一刻起，就会有许多问题接踵而至，工作、生活、情感等方面的一系列问题构成了我们人生的全部内容。问题多如乱麻，有时甚至会把我们的生活搞得一团糟，让我们理不出半点头绪。可是，一旦我们冷静下来，进行理性的思考，就会欣喜地发现，问题再难，总有解决之道。办法总比问题多。关键是你对待问题的态度，而这也决定了你能否在问题丛林中自由穿梭，从而顺利到达成功的彼岸。

　　有句话说："世上没有解决不了的问题，只有对问题束手无策的人。"一个卓越的人，可以在纷繁复杂的棘手难题中轻松自如地驾驭人生，凡事都能逢凶化吉，把不可能之事变为可能，从而实现自己的人生目标。所以，我们要相信，一扇门关上了，另一扇门会打开。没有过不去的坎，也没有解决不了的问题，除非你自己不愿过去、不愿解决。面对问题，不努力地寻找解决的办法，只是一味地抱怨，并找出各种冠冕堂皇的理由来推脱，这样的话，问题无法解决，你也不可能取得成功。

一个人，无论处于何种位置，从事何种职业，应对何种事情，都应该以极大的热情，积极主动地解决自己所面临的问题。在此过程中，尽最大的努力去寻找办法，解决问题，从而求得发展，这是一个最为关键的准则。优秀之人，必是竭力寻找办法之人。因为在他们的眼中，无论处于何种情况，办法总比问题多！

面对生命中遇到的每一个困境，只有努力寻找办法，我们才能领略到人生的甘甜和艰辛。

面对生活中遭遇的每一个挫折，只有努力寻找办法，我们才能体悟到生活的精彩与多姿。

面对工作中面临的每一个困难，只有努力寻找办法，我们才能感受到付出的快乐和充实。

面对情感中经历的每一个困惑，只有努力寻找办法，我们才能享受到心灵的澄澈与满足。

办法之于人生，正如钥匙之于锁，只有找对了办法，你才能打开人生这把锁，从而轻松摆脱各种束缚，做自己想做的事情。

办法之于人生，正如帆之于船，只有找对了办法，你才能驾驭人生这条船，顺利航行，到达成功的彼岸。

本书剖析了人们在事业、工作、交际、爱情、生活等方面存在的困惑、不良习惯、想法和做法等，并提出了针对性很强的"思路突破"——谋求发展和成功的正确思路。由此引导广大读者，尤其是青年朋友们，在现实生活中突破思维定式，克服心理与思想障碍，确立良好的解决问题的思路，把握机遇，灵活机智地处理身边的诸多问题，从而开启成功的人生之门，谱写卓越的人生篇章。

人生总会有办法

序章

人生总会有办法：
思路决定出路

生活是由思想造就的

成功学家戴尔·卡耐基说："如果我们想的都是快乐的念头，我们就会快乐；如果我们想的都是悲伤的事情，我们就会悲伤。"

成功学家卡耐基曾参加过一个广播节目，要求找出"你所学到的最重要的一课是什么"。

卡耐基认为自己学到的最重要的一课是：思想的重要性。只要知道你在想些什么，就知道你是怎样的一个人，因为每个人的特性，都是由思想造就的。每个人的命运，很大程度上取决于他的心理状态。塞缪尔·麦克格罗什说："我们的思想是打开世界的钥匙。"每一个人所必须面对的最大问题——事实上可以算是我们需要应付的唯一问题，就是如何选择正确的思想。如果我们能做到这一点，就可以解决所有的问题。曾经统治罗马帝国，本身又是伟大哲学家的马库斯·奥里亚斯，把这些总结成一句话——决定你命运的一句话："生活是由思想造就的。"

　　我们会发现，当我们改变对事物和其他人的看法时，事物和其他的人对我们来说就会发生改变。要是一个人把他的思想引向光明，他就会很吃惊地发现，他的生活受到很大的影响。一个人所能得到的，正是他自己思想的直接结果。有了奋发向上的思想之后，一个人才能努力奋斗，才能有所成就。如果我们的思想消极，我们就永远只能弱小而愁苦。

思路突破 人生需要设计

　　有一句名言："你希望自己成为什么样的人，你就会成为什么样的人。"人生就是"自我"不断实现的过程，自我实现的要求产生于自我意识觉醒之后，经历了"自我意识——自我设计——自我管理——自我实现"这样一个过程。如果把自我设计看作立志，那么自我管理便是工作，而自我实现就处在自我管理的过程中和终极点上。

　　人在一生中会做无数次的设计，但如果最大的设计——人生设计没做好，那将是最大的失败。设计人生就是要对人生实行明确的目标管理。如果没有目标，或者目标定位不正确，你的一生必然碌碌无为，甚至是杂乱无章的。做好人生设计，必须把握两点：一是善于总结，一是善于预测。对过去进行总结和对未来进行设计并不矛盾。只有对自己的过去进行好好的回顾、梳理、反思，才能找出

不足，继续发扬优势。这样，在进行人生设计时，才能扬长避短。而对未来进行预测，就是说要有前瞻性的观念和能力。缺少了前瞻性的观念和能力，人将无法很好地预见自己的未来，预见事物的动态发展变化，也就不可能根据自己的预见进行科学的人生设计。一个没有预见性的人，是不可能设计好人生、走好人生之路的。

还有一点必须记住，那就是设计好人生的前提是自知、自查。了解自己，了解环境，这是成功的前提条件。知己知彼，方能百战不殆。对自己有了清楚的了解与估量，才能有的放矢地进行人生设计。在知己知彼以后，需要对自己合理定位。人不是神，有很多不足和缺陷，对自己期望过低、过高都不利于自身成长。

但设计人生不能盲从，也不能一味地遵循死理。设计目标是为了实现目标，而不是为了设计而设计。设计只是手段，而不是我们要的结果。因此，我们需要变通的设计，因时因事因地而变化。设计也不是屈服，设计的主动权要掌握在我们自己的手中——我的人生我做主，用自己手中的画笔在画布上画出美丽的图画。

积极思考才有出路

思考习惯一旦形成，就会产生巨大的力量。19世纪美国著名诗人及文艺批评家洛威尔曾经说过："真知灼见，首先来自多思善疑。"

大凡成就伟大事业的人，都凭借了积极的思考力量，凭借着创造力、进取精神和激励人心的力量在支撑和构筑着所有成就。一个精力充沛、充满活力的人总是创造条件使心中的愿望得以实现。要知道，没有任何事情会自动发生。

从前有个小村庄，村里除了雨水没有任何水源。为了解决这个问题，村里的人决定对外签订一份送水合同，以便每天都能有人把水送到村子里。有两个人愿意接受这份工作，于是村里的长者把这份合同同时给了这两个人。

得到合同的两个人中有一个叫艾德，他立刻行动了起来。每日奔波于几千米外的湖泊和村庄之间，用他的两只桶从湖中打水并运回村庄，并把打来的水倒在由村民们修建的一个坚固的大蓄水池中。每天早晨他都必须起得比其他村民早，以便当村民需要

用水时，蓄水池中已有足够的水供他们使用。由于起早贪黑地工作，艾德很快就开始挣钱了。尽管这是一项相当艰苦的工作，但是艾德很高兴，因为他能不断地挣钱，并且他对能够拥有2份专营合同中的一份而感到满意。

另外一个获得合同的人叫比尔。令人奇怪的是自从签订合同后比尔就消失了，几个月来，人们一直没有看见过比尔。这点令艾德兴奋不已，由于没人与他竞争，他挣到了所有的水钱。

比尔干什么去了？原来他通过积极思考做了一份详细的商业计划书，并凭借这份计划书找到了4位投资者，他们和比尔一起开了一家公司。6个月后，比尔带着一个施工队和一笔投资回到了村庄。花了整整一年的时间，比尔的施工队铺设了一条从村庄通往湖泊的大容量的不锈钢管道。

这个村庄需要水，其他有类似环境的村庄一定也需要水。于是经过考察，比尔重新制订了他的商业计划，开始向全国的村庄推销他的快速、大容量、低成本并且卫生的送水系统，每送出一桶水他只赚1便士，但是每天他能送几十万桶水。无论他是否工作，几十万的人要消费这几十万桶的水，而所有的这些钱都流入了比尔的银行账户。显然，比尔不但铺设了使水流向村庄的管道，而且还开发了一个使钱流向自己的钱包的管道。

从此以后，比尔幸福地生活着，而艾德在他的余生里仍拼命地工作，最终还是陷入了"永久"的财务问题中。

多年来，比尔和艾德的故事一直指引着人们。每当人们要做出生活决策时，这个故事都能够提醒我们，"磨刀不误砍柴工"，积极的思考比苦干更重要。

纵观古今，勤奋的人不计其数，但在事业上获得成功的人却不是很多。那是因为很多人都没有积极地思考。与此相反，如果你能在日常的生活与工作中养成积极思考的习惯，你会发现人生的出路很多，成功绝对不只是梦想。

思路突破 驱除消极的思想

消极思想就像一个恶魔，其致命和深植人心的程度，较之各种形式的恐惧有过之而无不及。我们必须认真地为自己的心灵设防，保护自己不受这个恶魔的侵害。

你可以设法抵御来自劫匪的欺侮，法律为你的权益提供了保障。但消极思想这个恶魔却难对付得多，它常常蹑手蹑脚悄悄来袭。它的武器是无形的，完全由心态造成，它的面貌正如人类的经验一样种类繁多。但我们必须认清它的真面目，它其实就是人本身

的心态在作祟。

无论消极思想的影响是你自己造成的，还是你身边消极人物的活动所导致的，为了保护你自己，你要有足够的意志力。用这种意志力在心中筑起一道围墙，使你对消极思想产生免疫力。

不幸的是，对于劫匪的欺侮人们都会自觉地反抗，但对于消极思想的侵犯，却很少有人去注意。

具有消极思想的人想去说服爱迪生，让他相信造不出一种可以记录和复制人声的机器，因为从来没有人制造过这样的机器。爱迪生对此置之不理，他知道自己可以制造出任何心灵构思出来的并有理论依据的东西来。

具有消极思想的人告诉伍沃滋，如果他想开一家只卖5分钱、10分钱商品的店他就会破产。伍沃滋不予理睬，他知道，只要他的计划有信心做后盾，他可以在理性的范围内办成所有的事情。最后他累积了上亿美元的资产。

你若不去主宰自己的心灵，就容易被别人主宰，受到别人的消极影响。

你要远离消极思想，否则成功就遥不可及。

塞缪尔·斯迈尔斯认为要使成功的金科玉律成为自己的法则，就必须养成肯定事物的习惯。如果不能做到这点，即使潜在意识能产生很好的作用，还是无法实现愿望的。相对于肯定性的思考的，就是否定性的思考。凡事以积极的方式思考即是肯定，而以消极的方式思考则是否定。

人类的思考往往容易向否定的方面发展，所以肯定思考的价值愈发重要。

如果经常抱着否定想法，必然无法期望理想人生的降临。有些嘴里硬说没有这种想法的人，事实上已经受到潜在意识的不良影响了。

有些人经常这样否定自己："凡事我都做不好""过去屡屡失败，这次也必然失败""人生毫无意义可言，整个世界只有黑暗""没有人肯和我结婚""我是个不擅交际的人"……抱有这种想法的人，往往都不快乐。

当问及此种想法由何产生时，得到的回答多半是："这是认清事实的结果。"尤其对于罹患抑郁症者而言，他们均会异口同声地说："我想那是出于不安与忧虑吧！我也拿自己没办法。"

然而，只要换一个角度去想，现实并不如你所想象的那么糟，例如有些人会想："我虽然一无是处，但也过得自得其乐，不是吗？"有了乐观而积极的想法，肯定自我，你才会找到新的方向和意义。

培养正确思考的能力

没有正确的思考，是不会克服坏习惯的。如果你不学习正确的思考，是绝对防止不了失败的。

奥里森·马登认为，一个人的工作效能与生活质量是以正确的思想方法为基础的。所以，如果你想让自己成为一名成功人

士，提高自己的做事效率，就必须培养正确的思想方法。

纳克博士认为能够把这个世界变成更理想的生活空间，全靠创造性的思考。

纳克博士是美国的大教育家、哲学家、心理学家、科学家和发明家，他一生中在艺术和科学上有许多发明、有许多发现。纳克博士的个人经历证实，他锻炼脑力和体力的方法可以培养健康的身体并促进心智的灵活。

奥里森·马登曾带着介绍信前往纳克博士的实验室去造访他。

当奥里森·马登到达时，纳克博士的秘书对他说："很抱歉，这个时候我不能打扰纳克博士。"

奥里森·马登问："要过多久才能见到他呢？"

秘书回答："我不知道，恐怕要3小时。"

奥里森·马登继续问："请你告诉我为什么不能打扰他，好吗？"

秘书迟疑了一下，然后说："他正在静坐冥想。"

奥里森·马登忍不住笑了："那是怎么回事——静坐冥想？"

秘书笑了一下说："最好还是请纳克博士自己来解释吧！我真的不知道要多久，如果你愿意等，我们很欢迎；如果你想以后再来，我可以留意，看看能不能帮你约一个时间。"奥里森·马登决定等待。

当纳克博士终于走出实验室时，他的秘书给他们作了介绍。

奥里森·马登开玩笑地把他秘书说的话告诉他。在看过介绍信以后，纳克博士高兴地说："你不想看看我静坐冥想的地方，并且了解我怎么做吗？"

于是，他带着马登到了一个隔音的房间。这个房间里的家具只有一张简朴的桌子和一把椅子，桌子上放着几本白纸簿、几支铅笔以及一个开关电灯的按钮。

在谈话中，纳克博士说，每当他遇到困难而百思不解时，就走到这个房间来，关上房门坐下，熄灭灯光，让身心进入深沉的集中状态。他就这样运用"集中注意力"的方法，要求自己的潜意识给他一个解答，不论什么都可以。有时候，灵感似乎迟迟不来；有时候似乎一下子就涌进他的脑海；有些时候，得花上2小时那么长的时间它才出现。等到念头开始清晰起来，他立即开灯把它记下。

纳克博士曾经把别的发明家努力钻研却没有成功的发明重新加以研究，并使之日臻完美，因而获得了200多项专利权。他的成功秘诀就在于，能够完善那些欠缺的部分。

纳克博士特别安排时间来集中心神思索，寻找另外一点。对于这个"另外一点"，他很清楚自己要什么，并立即采取行动，因而他获得了成功。

思路突破 注重正确的思维程序

要学会正确思考首先要学会控制自己的思想。卡耐基认为，思想是一个人唯一能完全控制的东西。因为你的思想会受到周围环境

的影响，所以，你必须有一套科学有序的流程，来控制这些影响因素。为此，奥里森·马登对思维流程做出了科学的解释，将正确思维归于以下4点。

★发现问题

"发现问题"是整个思维过程中最困难的一部分。要知道，在你提出问题之前，你不可能知道你要寻找的是什么解决方法，更不可能解决这个问题。

★分析情况

一旦你找出问题后，你就要从所处环境中发现尽可能多的线索。

在分析情况的过程中，你寻找的是具体的信息资料。你不要被一开始就找到问题的解决办法和答案所诱惑，而漏掉了别的办法。你应该强迫自己去寻找有关的信息资料，直到你觉得自己已仔细并准确地分析了这种情况之后，再做出判断。

★寻找可行的解决方法

一旦你找出了问题、分析了情况之后，你就可以开始寻找解决问题的办法。同样，你也要避免那些看起来似乎很好的答案。

在这一步骤中创造性是很重要的。除了那些一眼就能看出的似乎有道理的解决办法之外，你还要寻找其他的办法，尤其在采纳现成的方案时要特别留心。如果别人也探讨过同样的问题，而且其解决办法听起来也适合于你的情况时，就要仔细判断一下当时的情况与你的情况究竟相同在何处。

注意，不要采用那些还没有在你这种情况下检验过的解决方法。

★科学验证

很多人到了上一步就停止了，这其实是不完整的，因而也是不科学的。

一旦解决办法找到了，你就要对其进行检验和证明，看看这些办法是否有效，是否能解决提出的问题。在检验之前你可能不知道这些办法是否正确。

在这个过程中，你所要做的就是寻找这种情况的原因，并加以解释，你要回答诸如"为什么""是什么""怎么会"之类的问题。

第一章

突破人生，找到思路，这辈子，只能这样吗：

面对自我的困惑

人们常说"人贵有自知之明"，那就是既不高估自己，也不低估自己。认识到这一点容易，但要做到这一点，却非人人能及。

世上没有十全十美的人，有些缺点和性格是与生俱来并要带进坟墓的。只要看看那些伟大的成功者，你就能立即明白——他们都接受了自然的自我。

接受自己，对于正确地评价自我非常重要。纪伯伦曾在其作品里讲了一个狐狸觅食的故事。狐狸欣赏着自己在晨曦中的身影说："今天我要用一只骆驼做午餐呢！"整个上午，它奔波着，寻找骆驼。但当正午的太阳照在它的头顶时，它再次看了一眼自己的身影，于是说："一只老鼠也就够了。"狐狸之所以犯了两次相同的错误，与它选择"晨曦"和"正午的阳光"作为镜子有关。

晨曦拉长了它的身影，使它错误地认为自己就是万兽之王，并且力大无穷、无所不能；而正午的阳光又让它对着自己缩小了的身影忍不住妄自菲薄。

现实生活中的很多人与大师笔下的这只狐狸十分相似。他们对自己的认识不足，过分强调某种能力或者凭空承认无能。在这种情况下，千万别忘了上帝为我们准备了另外一块镜子，这块镜子就是"反躬自省"，它可以使我们认识真实的自己。

尼采曾经说过："聪明的人只要能认识自己，便什么也不会失去。"只有正确认识自己，才能正确确定人生的奋斗目标。只有有了正确的人生目标并充满自信地为之奋斗终生，此生才能无憾，即使不成功，也无怨无悔。

思路突破　定位决定人生

一个人的发展在某种程度上取决于自己对自己的评价，这种评价有一个通俗的名词——定位。把自己定位成什么，你就是什么，因为定位能决定人生。

一个穷困潦倒的人站在地铁出口处卖铅笔，一名商人路过，向这个

人的杯子里投入几枚硬币，匆匆而去。过了一会儿，商人回来取铅笔，他说："对不起，我忘了拿铅笔，因为你我毕竟都是商人。"几年后，商人参加一次高级酒会，有一位衣冠楚楚的先生向他敬酒致谢。这位先生说，他就是当初卖铅笔的那个人。他生活的改变，得益于商人的那句话：你我毕竟都是商人。故事告诉我们，当你把自己定位于乞丐，你就是乞丐；当你定位于商人，你就是商人。

定位概念最初是由美国营销专家里斯和屈特于1969年提出的，当时他们的观点是，商品和品牌只有在潜在的消费者心中占有位置，企业经营才会成功。随后定位的外延扩大了，大至国家、企业，小至个人、项目等，均存在定位的问题，事关成败兴衰。

汽车大王福特自幼帮父亲在农场干活，12岁时，他就在头脑中构想如何用能够在路上行走的机器代替牲口和人力，而父亲和周围的人都要他在农场做助手。若他真的听从了父辈的安排，世间便少了一位伟大的工业家，但福特坚信自己可以成为一名机械师。于是他用1年的时间完成了其他人需要3年才能完成的机械师训练，随后又花2年多的时间研究蒸汽原理，试图实现他的目标，未获成功；后来他又投入到汽油机研究上来，每天都梦想制造一部汽车。他的创意被大发明家爱迪生所赏识，邀请他到底特律公司担任工程师。经过10年努力，在29岁时，福特成功地制造了第一部汽车引擎。今天在美国，每个家庭都有一部以上的汽车，底特律成为美国最大的工业城市之一，也是福特的财富之都。福特的成功，不能不归功于他定位的正确和不懈的努力。

反过来说，就算你给自己定位了，如果定得不切实际，或者没有健康的心态，也不会取得成功。

心中的瓶颈

希拉斯·菲尔德退休的时候已经积攒了一大笔钱，然而他突发奇想，想在大西洋的海底铺设一条连接欧洲和美国的电缆。随后，他就开始全身心地推动这项事业。前期的基础性工作包括建造一条长约1600千米、从纽约到纽芬兰圣约翰的电报线路。纽芬兰长约640千米的电报线路要从人迹罕至的森林中穿过，所以，要完成这项工作不仅包括建一条电报线路，还包括建同样长的一条公路。此外，还包括穿越布雷顿角全岛共700千米长的线路，再加上铺设跨越圣劳伦斯海峡的电缆，整个工程十分浩大。

菲尔德使尽浑身解数，总算从英国政府那里得到了资助。然而，他的方案在议会上遭到了强烈的反对，在上院仅以一票的优势获得多数通过。随后，菲尔德的铺设工作就开始了。电缆一头搁在停泊于塞巴斯托波尔港的英国旗舰"阿伽门农"号上，另一头放在美国海军新造的豪华护卫舰"尼亚加拉"号上，不过，就在电缆铺设到8千米的时候，它突然被卷到了机器里面，被弄断了。菲尔德不甘心，进行了第二次试验。在这次试验中，在铺到320千米长的时候，电流突然中断了，船上的人们在甲板上焦急地踱来踱去。就在菲尔德即将命令割断电缆，放弃这次试验时，电流突然又神奇地出现了，一如它神奇地消失一样。夜间，船以每小时约6.5千米的速度缓缓航行，电缆的铺设也以每小时约6.5千米的速度进行。这时，轮船突然发生了一次严重倾斜，制动器紧急制动，不巧又割断了电缆。

　　但菲尔德并不是一个轻易放弃的人。他又订购了1100千米的电缆，而且还聘请了一个专家，请他设计一台更好的机器，以完成这么长的铺设任务。后来，英美两国的科学家联手把机器赶制出来。最终，两艘军舰在大西洋上会合了，电缆也接上了头；随后，两艘船继续航行，一艘驶向爱尔兰，另一艘驶向纽芬兰，结果它们都把电线用完了。两船分开不到4.8千米，电缆又断开了；再次接上后，两船继续航行，到了相隔约13千米的时候，电流又没有了。就这样，电缆第三次接上后，铺了320千米，在距离"阿伽门农"号6米处又断开了，两艘船最后不得不返回爱尔兰海岸。

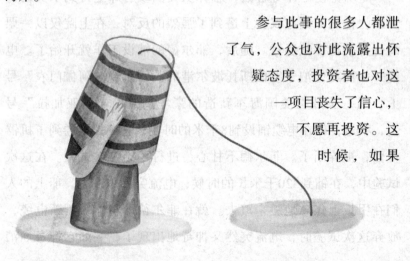

　　参与此事的很多人都泄了气，公众也对此流露出怀疑态度，投资者也对这一项目丧失了信心，不愿再投资。这时候，如果

人生总会有办法　思路决定出路

不是菲尔德百折不挠的精神，不是他天才的说服力，这一项目很可能就此被放弃了。菲尔德继续为此日夜操劳，甚至到了废寝忘食的地步，他绝不甘心失败。于是，第三次尝试又开始了，这次总算一切顺利，全部电缆铺设完毕，而没有任何中断，几条消息也通过这条漫长的海底电缆发送了出去，一切似乎就要大功告成了，但突然电流又中断了。

这时候，除了菲尔德和他的一两个朋友外，几乎没有人不感到绝望。但菲尔德仍然坚持不懈地努力，他最终又找到了投资人，开始了新的尝试。他们买来了质量更好的电缆，这次执行铺设任务的是"大东方"号，它缓缓驶向大洋，一路把电缆铺设下去。一切都很顺利，但最后在铺设横跨纽芬兰960千米电缆线路时，电缆突然又折断了，掉入了海底。他们打捞了几次，但都没有成功。于是，这项工作就耽搁了下来，而且一搁就是1年。

这一切困难都没有吓倒菲尔德。他又组建了一个新的公司，继续从事这项工作，而且制造出了一种性能远优于普通电缆的新型电缆。1866年7月13日，新的试验又开始了，并顺利接通、发出了第一份横跨大西洋的电报！电报内容是："7月27日。我们晚上9点到达目的地，一切顺利。感谢上帝！电缆都铺好了，运行完全正常。希拉斯·菲尔德。"不久以后，原先那条落入海底的电缆被打捞上来了，重新接上，一直连到纽芬兰。现在，这两条电缆线路仍在使用，而且再用几十年也不成问题。

思路突破 打破心中的瓶颈

几年前，举重项目之一的挺举项目中，有一种"500磅（约227千克）瓶颈"的说法，也就是说，以人的体力而言，500磅是很难超越的瓶颈，当时没有一个运动员能突破这个重量。一次，499磅的纪录保持者巴雷里比赛时所举的杠铃，由于工作人员的失误，实际上超过了500磅。这个消息发布之后，世界上有6位举重高手也紧接着举起了一直未能突破的500磅杠铃。

有一位撑竿跳的选手，一直苦练都无法越过某一个高度。他失望地对教练说："我实在是跳不过去。"

教练问："你心里在想什么？"

他说："我一冲到起跳线时，看到那个高度，就觉得跳不过去。"

教练告诉他："你一定可以跳过去。把你的心从竿上跃过去，你的身子也一定会跟着过去。"

他撑起竿又跳了一次，果然跃过了。

心，可以超越困难，可以突破阻挠；心，可以粉碎障碍，终会达成你的期望。

所谓瓶颈，其实只是心理作用。你的心中有瓶颈吗？

人的生活罗盘经常失灵，日复一日，有很多人在迷宫般的、无法预测也乏人指引的茫茫职场中失去了方向。他们不断触礁，可是别人却技高一筹地继续航行，安然应对每天的挑战，平安抵达成功的彼岸。为了维持正确的航线，为了不被沿路上意想不到的障碍和陷阱困住或吞噬，你需要一个可靠的内部导航系统。一具有用的罗盘，在你陷入职场困境时将为你指引一条通往成功的康庄大道。然而，可悲的是，太多的人从未抵达终点，因为他们借助失灵的罗盘来航行。这坏掉的罗盘可能是扭曲的是非感，或是蒙蔽的价值观，或是自私自利的意图，或是未能设定目标，或是无法分辨轻重缓急，简直不胜枚举。聪明人利用罗盘，可以获致恒久的成功。有智慧的卓越人士，选择正确的路线，坚定地向前行进，最终渡过难关，安抵终点。

青蛙的处境

有一只青蛙生活在井里，那里有充足的水源。它对自己的生活很满意，每天都在欢快地歌唱。

有一天，一只鸟儿飞到这里，便停下来在井边歇歇脚。青蛙主动打招呼说："喂，你好，你从哪里来啊？"

鸟儿回答说："我从很远很远的地方来，而且还要到很远很远的地方去，所以感觉很劳累。"

青蛙很吃惊地问："天空不就是那么大点吗？你怎么说是很遥远呢？"

鸟儿说："你一生都在井里，看到的只是井口大的一片天空，怎么能够知道外面的世界呢？"

青蛙听完这番话后，惊讶地看着鸟儿，一脸茫然和失落的样子。

这是一个我们早已熟知的故事，或许你会感到好笑，但在现实生活中，仍可以见到许许多多的"井底之蛙"陶醉在自我的狭小领域中。这种自以为是的自足自得，只会导致眼光的短浅和心胸的狭隘。信息的落后和自我张狂会让自己和现实离得越来越远。特别是在竞争日趋激烈的今天，故步自封和过度的自我满足只会让你的世界越来越小，并时刻有被淘汰的危险。因此，每个人都应该走出"小我"，积极地提升自身的能力，开阔自己的视野，这样才能在汹涌的时代大潮中立于不败之地。

下面，我们再讲一个有关于青蛙的故事。在19世纪末，美国康乃尔大学做过一次有名的青蛙实验。他们把一只青蛙冷不防丢进煮沸的油锅里，在那千钧一发的生死关头，青蛙用尽全力，一下就跃出了那势必使它葬身的滚烫的油锅，跳到锅外的地面上，安全逃生。

半小时后，他们使用同样的锅，在锅里放满冷水，然后又把那只死里逃生的青蛙放到锅里，接着用炭火慢慢烘烤锅底。青蛙悠然地在水中享受"温暖"，等它感

觉到承受不住水的温度，必须奋力逃命时，却发现为时已晚，欲跃无力。青蛙全身瘫痪，终于葬身在热水锅里。

在生活中，许多人安于现状，不思进取，在浑浑噩噩中度日，害怕面对不断变化的环境，更不愿增强自己的本领，去发挥自身的优势以适应变化，最终在安逸中消磨了所有的生命能量。

思路突破 更高的目标为生命增色

不少人会有这样的体验，虽然每天准时上班，每天按计划完成该做的事，但总觉得生活得呆板，缺乏活力。似乎该做的事都已经做了，生活中再也找不到还能去做选择和努力的地方。曾经就有这样一个人们一致公认的成功人士，竟爬上楼顶，从上面跳了下去。

问题出在哪里？从表面上看，他是因为反复循着同样的生活方式，没有新鲜的感受，没有新的创意，产生了厌倦和疲劳，身心感到耗竭。

再往更深的层次看，也许是目标定得不够高，成功后就再看不到更高的奋斗目标了；也许有着不切实际的预期。这样，无论他的学业、事业多么地成功，都无法达到预期的要求；也许是认识不到自己工作的成就和价值；也许是自己的生活圈子太窄，于是生活变得刻板，没有生气。

美国的本杰明·富兰克林是举世闻名的政治家、外交家、科学家和作家。他的多方面才能令人惊叹：他4次当选宾夕法尼亚州的州长；他制定出《新闻传播法》；他发明了口琴、

摇椅、路灯、避雷针、两块镜片的眼镜、颗粒肥料；他设计了富兰克林式的火炉和夏天穿的白色亚麻服装；他最先组织消防厅；他首先组织道路清扫部；他是政治漫画的创始人；他是出租文库的创始人；他是美国最早的警句家；他是美国第一流的新闻工作者，也是印刷工人；他创设了近代的邮信制度；他想出了广告用插图；他创立了议员的近代选举法；他的自传是世界上所有自传中最受欢迎的自传之一，仅在英国和美国就重印了数百版，现在仍被广泛阅读……

　　诚然，像富兰克林这样敢于尝试，并在各方面都显示出卓越才能的人是少见的。可是，这也足以说明，只要愿意，人无所不能。作为普通人，虽然我们不可能在各方面都有所建树，但如果我们敢于求新求变，试着涉足更广阔的领域，即使不能扬名立万，也会使生活变得更加丰富多彩。长期单调乏味的生活常常会使最有耐性的人也觉得忍无可忍，读到这里，你完全应该相信，你可以做好很多事情。

人生无处不"套牢"

　　在股市猛地热了起来的时候，有个词的使用频率突然增高，这便是——套牢。许多人被股市赚钱的光环所诱惑而奋不顾身地跳了进去，谁知股价非但不涨反而直线下跌，这就是被套牢了。凡是玩股票的人，没有一个喜欢自己被套牢的。可是大凡玩股票的人，没有一个幸免于此。

然而，股票是自己要买的，婚是自己要结的，国是自己要出的，儿子是自己要生的。假如买不到股票，人是会抱怨的；假如没有儿子，人是会沮丧的；假如出不了国，人是会恼火的。有个人终于拿到了绿卡，却立即愁眉苦脸起来，说是原本穷学生一个，万事没有关系，而现在要以一个美国人的标准来要求自己，车是什么档次的车，房子是什么档次的房子，衣服是什么衣服，工作是什么工作，凡此种种，不一而足，原来绿卡也是个套。这么一说，做人就难了。得到了朝思暮想的东西还要犯愁，甚至更愁，人生真是很无奈。

仔细想想，人又不能没有一点东西将自己套牢。过于自由，心里就空落落的，魂不守舍，食不甘味，这种那种的孤独就要来咬人。人不是被这个套牢，就是被那个套牢。

而人要套自己是最无可救药的。有一个人热爱炒股，小有进账。然而他总是拨起算盘算自己理论上应该赚多少，而实际上少赚了多少，这样算来算去反而更不快乐。友人劝他何苦和自己过不去，留得"生命"在，还怕没钱赚？他觉得这话是对的，但心里忍不住还是惦记那飞走的铜钱。

思路突破 人生不应该有太多负荷

人生不应该有太多的牵累与负荷。现在拥有的，我们应该珍惜；已经失去的，也没必要再为之哭泣。只要还有一颗乐观向上的心，人生就一定会一路充满阳光。

尤利乌斯是一个画家，而且是一个很不错的画家。他画快乐的世界，因为他自己就是一个快乐的人。不过没人买他的画，因此他想起来会有点伤感，但只是一会儿。

"玩玩足球彩票吧！"他的朋友们劝他，"只花2马克便可赢很多钱！"

于是尤利乌斯花2马克买了一张彩票，并真的中了彩！他赚了50万马克。

"你瞧！"他的朋友都对他说，"你多走运啊！现在你还经常画画吗？"

"我现在就只画支票上的数字！"尤利乌斯笑道。

尤利乌斯买了一幢别墅并对它进行了一番装饰。他很有品位，买了许多好东西：阿富汗地毯、维也纳橱柜、佛罗伦萨小桌、迈森瓷器，还有古老的威尼斯吊灯。

尤利乌斯很满足地坐下来，点燃一支香烟静静地享受他的幸福。突然，他感到好孤单，便想去看看朋友。如同在原来那个石头做的画室里一样，他把烟往地上一扔，然后就出去了。

燃烧着的香烟躺在地上，躺在华丽的阿富汗地毯上……一个小时以后，别墅变成一片火的海洋，它完全烧没了。

朋友们很快就知道了这个消息，他们都来安慰尤利乌斯。

"尤利乌斯，真是不幸呀！"他们说。

"怎么不幸了？"他问。

"损失呀！尤利乌斯，你现在什么都没有了。"

"什么呀？不过是损失了2个马克。"

荒芜的花园

每个人心中都有一座美丽的大花园。如果我们愿意让别人在此种植快乐，同时也让这份快乐滋润自己，那么我们心灵的花园就永远不会荒芜。

罗曼太太是美国的一位贵妇人，她在亚特兰大城外修了一座花园。花园又大又美，吸引了许多游客，他们毫无顾忌地跑到罗曼太太的花园里玩耍。

年轻人在绿草如茵的草坪上跳起了欢快的舞蹈；小孩子扎进花丛中捕捉蝴蝶；老人蹲在池塘边垂钓；有人甚至在花园当中支起了帐篷，打算在此度过他们浪漫的盛夏之夜。罗曼太太站在窗前，看着这群快乐得忘乎所以的人，看着他们在属于她的园子里尽情地唱歌、跳舞、欢笑。她非常生气，就叫仆人在园门外挂了一块牌子，上面写着："私人花园，未经允许，请勿入内。"可是这样做并不管用，那些人还是成群结队地走进花园。罗曼太太只好让她的仆人前去阻拦，结果发生了争执，有人竟拆走了花园的篱笆墙。

后来罗曼太太想出了一个绝妙的主意，她让仆人把园门外的那块牌子取下来，换上了一块新牌子，上面写着："欢迎你们来此游玩。为了安全起见，本园的主人特别提醒大家：花园的草丛中有一种毒蛇，如果哪位不慎被蛇咬伤，请在半小时内采取紧急救治措施，否则性命难保。最后告诉大家，离此地最近的一家医院在威尔镇，驱车大约50分钟即到。"

这真是一个绝妙的主意，那些贪玩的游客看了这块牌子后，对这座美丽的花园望而却步了。可是几年后，有人再到罗曼太太的花园去，却发现那里因为园子太大，走动的人太少而真的杂草丛生，毒蛇横行，几乎荒芜了。孤独、寂寞的罗曼太太守着她的大花园，她非常怀念那些曾经来她的园子里玩的快乐的游客。

篱笆墙是农家用来把房子四周的空地围起来的类似栅栏的东西，有的上面还有荆棘。篱笆墙的存在是向别人表示这是属于自己的"领地"，要进入必须征得自己的同意。罗曼太太用一块牌子为自己筑了一道特别的"篱笆墙"，随时防范别人的靠近。这道看不

人生总会有办法 思路决定出路

见的篱笆墙就是自我封闭。

自我封闭，顾名思义就是把自我局限在一个狭小的圈子里，与外界断绝交流与接触。自我封闭的人就像契诃夫笔下的套中人一样，把自己严严实实地包裹起来，因此很容易陷入孤独与寂寞之中。自我封闭的人在情绪上的显著特点是情感淡漠，不能对别人给予的情感表达做出恰当的反应。在这些人的脸上，很少看到笑容，总是一副冷冰冰、心事重重的样子。这无形之中就告诉周围的人：我很烦，请别靠近我！周围的人自然也就退避三舍，敬而远之。不难想象，一个自我封闭的人要获得巨大的成功该是多么的艰难！由此，自我封闭者要正视现实，要勇敢地进入社会，找机会多接触和了解他人，从而改变自己。

思路突破 别让自己成为孤岛

合群就是与别人合得来。合群作为一种性格特征，具有既能够接受别人，同时也能被人接受的社会适应性特点。合群的人乐于与人交往，他们不封闭自己，愿意向别人敞开心扉。同时，合群的人往往是善解人意、热情友好的，他们在与人相处时，正面的态度（如尊敬、信任、喜悦等）多于反面的态度（如仇恨、嫉妒、怀疑等）。因此，他们能建立和谐的人际关系，有较多的知心朋友。

但是，生活中有些人过于自我封闭，他们或自命清高，不善于交往；或过于自卑，缺乏积极从事交往活动的勇气，总以为别人瞧不起自己。

心理学家指出，这种自我封闭的性格有碍于建立和谐的人际关系，因而不适应现代社会生活的需要，同时还会使人在心理上缺乏安全感和归属感，形成退缩感和孤独感，从而也有碍于人的身心健康。

那么，究竟怎样才能改变自我封闭的性格呢？

★学会关心别人

如果你期望被人关心和喜爱，你首先得关心别人和喜爱别人。关心别人，帮助别人克服困难，不仅可以赢得别人的尊重和喜爱，而且，由于你的关心引起了别人的积极反应，会给你带来满足感，并增强你与人交往的自信心。

★学会正确评价自己

古语说："人贵有自知之明。"在人际交往中，你对自己的认识越正确，你的行为就越自然，表现也越得体，结果也就越能获得别人的肯定，这种评价对于克服自我封闭的心理障碍是十分有利的。

★学会一些交际技能

如果你在与人交往时总是失败，那么由此而引起的消极情绪当然会影响你的合群性格。如果你能多学习一点交往的艺术，自然有助于交往的成功。例如，多掌握几种文体活动的技能，如跳舞、打球之类，你会发现自己在许多场合都会成为受人欢迎的人。

★保持人格的完整性

《礼记》中说："水至清则无鱼，人至察则无徒。"与人相

人生总会有办法 思路决定出路

处时，当然不应苛求别人，而应当采取随和的态度，但那是有限度的。因为随和不是放弃原则，迁就亦非予取予求。如果那样，根本不会得到别人的信任和尊重，也就无法使自己合群了。

保持人格完整的最好办法，是在平素的待人接物中，把自己的处事原则明白地表现出来，让别人知道你是怎样一个人。这样，别人就会知道你的作风，而不会勉为其难地要你做你不愿做的事，而你也不会因需要经常拒绝别人而影响彼此间的关系了。

★学会和别人交换意见

合群性格的形成有赖于良好的人际关系，而良好的人际关系肇始于相互的了解，人与人之间的相互了解又要靠彼此在思想上和态度上的沟通。因此，经常找机会与别人谈谈话、聊聊天，相互沟通是十分必要的。

第二章

心态对了，
世界就对了

冷漠是堵心墙

　　一位建筑设计大师一生杰作无数，阅历丰富，但他最大的遗憾，正如人们批评的那样，就是把城市空间分割得支离破碎，楼房之间的绝对独立加速了都市人情的冷漠。过完70岁寿辰，大师意欲封笔，而在封笔之作中，他想打破传统的楼房设计形式，力求在住户之间开辟一条交流和交往的通道，使人们的生活充满大家庭般的欢乐与温馨。

　　一位颇具胆识和超前意识的房地产商很赞同他的观点，出巨资请他设计。作品果然不同凡响。然而，大师的全新设计叫好不叫座。社会上炒得火热，市场反应却非常冷淡，乃至创出了楼市新低。

　　房地产商急了，急命人进行市场调研。调研结果出来，让人大跌眼镜：人们不肯掏钱买房的原因，是嫌这样的设计虽然令人耳目一新，但邻里之间交往多了，不利于处理相互间的关系；在这样的环境里，活动空间大了，孩子们却不好看管；还有，空间一大，人员复杂，对防盗之类的事也十分不利……

大师听到反馈，心中痛惜不已：我只识图纸不识人，这是我一生中最大的败笔。

我们可以拆除隔断空间的砖墙，但谁又能拆除人与人之间坚厚的心墙？

心墙不除，人心会因为缺少氧气而枯萎，变得忧郁、孤寂。爱是医治心灵创伤的良药，爱是心灵得以健康生长的沃土。爱，以和谐为轴心，放射出温馨、甜美和幸福。爱把宽容、温暖和幸福带给了亲人、朋友、家庭和社会。

当你孤独时，你会获得许多关于爱的美丽传说；当你陷入困境时，你会得到许多充满爱心的人的关怀和帮助。有两个重病人

同住在一间病房里，房子很小，只有一扇窗子可以看见外面的世界。其中一个病人的床靠着窗，他每天下午可以在床上坐1个小时，另外一个人则终日都得躺在床上。

靠窗的病人每次坐起来的时候，都会描绘窗外的景致给另一个人听。从窗口可以看到公园的湖，湖内有鸭子和天鹅，孩子们在那儿撒面包片，放模型船，年轻的恋人在树下携手散步，人们在绿草如茵的地方玩球嬉戏，头顶上则是美丽的天空。

另一个人倾听着，享受着每一分钟。一个孩子差点跌到湖里，一个美丽的女孩穿着漂亮的夏装……病友的诉说几乎使他感觉到自己目睹了外面发生的一切。

在一个晴朗的午后，他心想：为什么睡在窗边的人可以独享外面的风景呢？为什么我没有这样的机会？他觉得不是滋味，而且越是这么想，就越想换位子。这天夜里，他盯着天花板想着自己的心事，另一个人忽然惊醒了，拼命地咳嗽，一直想用手按铃叫护士进来。但这个人只是旁观而没有帮忙，他感到同伴的呼吸渐渐停止了。第二天早上护士来时，那人已经死去，他的尸体被静静地抬走了。

过了一段时间，这人开口问，他是否能换到靠窗户的那张床上。他们搬动他，将他换到了那张床上，他感觉很满意。人们走后，他用手肘撑起自己，吃力地往窗外望……

窗外只有一堵雪白的墙。

如果这个人不起恶念，在晚上按铃帮助另一个人，他还可以听到美妙的窗外故事。可是现在一切都晚了,他看到的是什么呢? 不仅是自己心灵的丑恶,还有窗外的白墙———一堵冷漠的心墙。几天之后,他在自责和忧郁中死去。命运对每一个人都是公平的,窗外有土也有星,就看你能不能磨砺一颗坚强的心、一双智慧的眼,透过岁月的风尘寻觅到灿烂的星星。

思路突破 与人分享幸福和快乐

　　如果一个人有充足的理由去抱怨他的不幸的话,这个人一定是海伦·凯勒。海伦19个月大时,因为一次高烧,而成了聋、哑、盲者,她被剥夺了同她周围的人进行正常交际的能力,只有她的触觉能帮助她把手伸向别人,体验爱别人和被他人所爱的幸福。

　　但是,由于一位虔诚而伟大的教师向海伦伸出了友爱之手,海伦终于成了一个欢乐、幸福、成绩卓越的女性。海伦曾经写道:任何人出于他的善良的心,说一句有益的话,发出一次愉快的笑,或者为别人铲平粗糙不平的路,这样的人就会感到欢欣是他自身极其亲密的一部分,以致使他终身追求这种欢欣。

　　海伦·凯勒正是同别人分享了优良而称心的东西,从而使自己得到更大的快慰。与别人分享的东西愈多,你获得的东西就越多。

　　曾有这样一个小孩,他是一个极为孤独而不幸的小孩。他出生时,脊柱拱起,呈怪异的驼蜂状,而且他的左腿弯曲。

　　这个孩子的家庭很穷。在他还不满1岁的时候,他的母亲辞世

了。他慢慢地长大，但别的孩子都避开他，因为他身体畸形，而且他无法令人满意地参加孩子们的活动。这个孩子名叫查理·斯坦梅兹，一个孤独不幸的儿童。

但是上天并没有忽视这个儿童。为了补偿他身体的畸形，他被赐予了非凡的敏锐和聪慧。查理5岁时能做拉丁语动词变位，7岁时学习了希腊语，并懂得了一些希伯莱语，8岁时就精通了代数和几何。

在大学里，查理的每门功课都胜人一筹。在毕业时，他用储蓄的钱租了一套衣服，准备参加毕业典礼。但在消极心态的影响下，人们常常考虑不周，这所大学的当局在布告栏里贴了一个通告，免除查理参加毕业典礼的资格。

这件事使查理不再努力让人们尊敬他，而去努力培养同人们的友谊。为了实现自己的理想，他来到了美国。

在美国，查理四处寻找工作。由于其貌不扬，他多次受到冷遇。最后，他终于在通用电气公司谋到了一份工作，当绘图员，周薪12美元。除了完成规定的工作外，他还花很多时间研究电气，并努力培养和同事之间的友谊。

查理工作努力，成绩显著。他一生获得了200多种电气发明的专利权，写了许多关于电气理论和工程的书籍和论文。他懂得做好了工作便会得到赞赏，也懂得做出了贡献，便会使这个世界更有价值。他积累财富，买了一所房子，并让他所认识的一对青年夫妇和他同享这所房子。就这样，查理过上了幸福的生活。

别跟自己过不去

在生活中，人都是富有爱心的，充满宽容的。如果你犯了错，而且真诚地请求宽恕，人们不仅会原谅你，还会把这事儿忘得一干二净，使你再次面对他们时一点愧疚感也没有。这种亲切的态度对所有人都一样，没有人种、地域、民族的分别，但就只对一个人例外。谁？没错，就是我们自己。

可能有人会怀疑："人不都是自私的吗？怎么可能严以律己，宽以待人？"是的，人总是会很容易原谅自己，不过，这只是表面上的饶恕而已，在深层的思维里，我们一定会反复地自责："为什么我会那么笨？当时要是细心一点就好了。"

如果你还不相信，请再想想自己有没有犯过严重的错误，如果有，那你一定仍在耿耿于怀，并没真正忘了它。表面上你原谅了自己，实际上你将自责收进了潜意识里。我们可以对他人这么宽大，难道自己就没有资格获得这种仁慈的待遇吗？

没错，我们是犯了错。人无完人，谁能无过？犯错只表示我们是平常之人，不代表就该承受地狱般的折磨。我

们唯一能做的只是正视这种错误的存在，在错误中学习，以确保未来不会发生同样的憾事。接下来就应该原谅自己，然后把它忘了，继续往前行进。

犯错对任何人而言，都不是一件愉快的事情。一个人遭受打击的时候，难免会格外消沉。在那一段灰色的日子里，你会觉得自己就像拳击场上失败的选手，被那重重的一拳击倒在地上，头昏眼花，满耳都是观众的嘲笑，心里全是惨败的感觉。那时，你会觉得已经没有力气爬起来了。可是，你终究会爬起来的。而且，你还会慢慢恢复体力，平复创伤，你的眼睛会再度张开，看见光明的前途。你会淡忘掉观众的嘲笑和失败的耻辱，你会为自己找一条合适的路——不要再做挨拳头的选手。

思路突破 找个理由干杯

法国影片《野鹅敢死队》里的男主人公简·德斯，因筹划"野鹅行动计划"而与昔日的老搭档佛克曼谋面时，曾说了一句看似无可奈何实则深思熟虑的话。

佛克曼："我们已经有9年没有见过面了吧？"

简·德斯："不，10年了！"

佛克曼（若有所思地）："我们那些伙伴……"

简·德斯（打断他的话）："噢，别提他了——来，我们来找个理由干一杯吧！"

老友重逢，不由得抚今追昔，缅怀故人，感慨生命与人生的无常和无奈……

是啊，找个理由干一杯！——即便毫无干杯的理由！纵然危在旦夕，人，也不能让烦恼和忧愁把自己憋死！我们虽然没有能力拒绝所有的不幸和痛苦，但我们却同样没有任何义务去承受任何忧伤和悲哀。让烦恼和忧愁统统随风去吧！

人生是丰富多彩而又艰难曲折的。苦乐忧欢、坦途坎坷、成败荣辱、花前月下、落日西风……对谁都一样；盘根错节、繁杂纷呈、五光十色、千姿百态……绝不像傍晚听音乐那样舒畅陶然，也不像夏日喝啤酒那样开心惬意。世界不给贝多芬欢乐，但他却咬紧牙关扼住命运的咽喉，用痛苦去铸造欢乐来奉献给世界。他找到了干杯的理由——为弹奏痛苦与欢乐的主旋律，干杯！

因此，干杯吧，哪怕仅仅就为了迄今为止，我们都还活着！

钢琴有黑键有白键。人生也好比弹钢琴，你不能只触黑键不触白键。所以，真正精彩的人生，就好比经典的围棋棋局，黑白交错，互相渗透。在说长不长、说短却也不短的人生中，我们尝过痛苦也享过快乐，从别人那儿悟出了一些滋味来。其中之一是：知足知不足，有为有弗为。

朋友，别跟自己过不去，我们应该感谢生命，珍惜生命。不管有没有理由，我们先来干一杯！

抑郁是一种失落

美国医学协会曾发起一项对10余个国家和地区约3.8万人的调查活动，结果显示，平均有5%的人患有抑郁症，抑郁症发病率最高的年龄段在25～30岁，其中女性的比例明显高于男性。资料显示，抑郁症病人中有2/3的人曾有自杀念头，其中有10%～15%的人最终自杀，所有自杀者中有70%的人有抑郁症状。我国20世纪90年代对7个主要省市的调查表明，约有27‰的人患有精神障碍（其中抑郁症位居首位），一半的病人在20～29岁发病。

沮丧只是一时的情绪失落，但抑郁不同。专家告诉我们，生活中充满了大大小小的挫折和失败，常常我们最梦寐以求的东西，却再也不存在了，我们最心爱的人，再也不能回到我们身边了。每当这些时刻来临的时候，我们都会体验到悲伤、痛苦，甚至绝望。通常，由这些明确现实事件引起的抑郁和悲伤，是正常的、短暂的，有些甚至有利于个体的成长。但是，有些人的抑郁症状却持续得很久，远远超过了一般人对这些事件的情绪反应，严重地影响了工作、生活。

抑郁就好像透过一层黑色玻璃看事物，无论是考虑你自己，还是考虑世界，任何事物看来都处于同样的阴郁而暗淡的光线之下，"没有一件事做对了""我彻底完蛋了""我无能为力，因此也不值一试""朋友们给我来电话仅仅是出于一种责任感"。回想过去，你的记忆中充满着一连串的失败、痛苦，而那些你曾

人生总会有办法　思路决定出路

经认为是成功的事情，以及你的爱情和友谊，现在看来都一文不值了。你的回忆已经染上了抑郁的色彩。消极的思想与抑郁相伴，情绪低落导致消极的思想和回忆，同时，消极的思想和回忆又导致情绪低落，如此反复下去，便形成一个持久而日益严重的抑郁恶性循环。

思路突破 豁达是一种人生态度

幸福的人只记得一生中的满足之处，不幸的人则只记得相反的内容。

三伏天，禅院的草地枯黄了一大片。"快撒点草种子吧！好难看哪！"小和尚说。

师父挥挥手："随时！"

中秋，师父买了一包草籽，叫小和尚去播种。

秋风起，草籽边撒、边飘。"不好了！好多种子都被吹走了。"小和尚喊。

"没关系，吹走的多半是空的，撒下去也发不了芽。"师父说，"随性！"

撒完种子，跟着就飞来几只小鸟啄食。"要命了！种子都被鸟吃了！"小和尚急得跳脚。

"没关系！种子多，吃不完！"师父说，"随遇！"

半夜一阵骤雨，小和尚早晨冲进禅房："师父！这下真完了！好多草籽被雨冲走了！"

"冲到哪儿，就在哪儿发芽！"师父说，"随缘！"

一个星期过去了。原本光秃的地面，居然长出许多青翠的草苗。一些原来没播种的角落，也泛出了绿意。

小和尚高兴得直拍手。

师父点头："随喜！"

随不是跟随，是顺其自然，不怨恨，不躁进，不过度，不强求。

随不是随便，是把握机缘，不悲观，不刻板，不慌乱，不忘形。

不要幻想生活总是那么圆圆满满，也不要幻想在生活的四季中享受所有的春天，每个人的一生都注定要走过沟沟坎坎，品尝苦涩与无奈，经历挫折与失意。

落英在晚春凋零，来年又灿烂一片；黄叶在秋风中飘落，春天又焕发出勃勃生机。这何尝不是一种达观，一种洒脱，一份人生的成熟，一份人情的练达。

懂得这一点，我们才能挺起脊梁，披着温柔的阳光，找到充满希望的起点。

悲观挡住了阳光

悲观态度或乐观态度，是人类典型的也是最基本的两种倾向。

悲观者和乐观者在面对同一个事物和同一个问题时，会有不同的看法。下面是两个见解不同的人在争论三个问题：

第一个问题——希望是什么？

悲观者说：是地平线，就算看得到，也永远走不到。

乐观者说：是启明星，能告诉我们曙光就在前头。

第二个问题——风是什么？

悲观者说：是浪的帮凶，能把你埋葬在大海深处。

乐观者说：是帆的伙伴，能把你送到胜利的彼岸。

第三个问题——生命是不是花？

悲观者说：是又怎样，开败了也就没了！

乐观者说：不，它能留下甘甜的果。

突然，天上传来了上帝的声音，也问了三个问题：

第一个：一直向前走，会怎样？

悲观者说：会碰到坑坑洼洼。

乐观者说：会看到柳暗花明。

第二个：春雨好不好？

悲观者说：不好！野草会因此长得更疯！

乐观者说：好，百花会因此开得更艳！

第三个：如果给你一片荒山，你会怎样？

悲观者说：修一座坟茔！

乐观者反驳：不！种满山的绿树！

于是上帝给了他们两样不同的礼物：

给了乐观者成功，给了悲观者失败。

不同的人生态度会造就截然不同的人生风景。

同样是人，会有截然不同的人生态度。不同的人生态度会造就截然不同的人生风景；同样是人，会因截然不同的世界观，导致截然不同的人生结局。

美国医生做过这样一个实验：让患者服用安慰剂。安慰剂呈粉状，是用水和糖加上某种色素配制的。当患者相信药力，就是说，当他们对安慰剂的效力持乐观态度时，治疗效果就显著。如果医生自己也确信这个处方，疗效就更为显著了。这一点已通过实验得到了证实。悲观态度由精神引起而又会影响到组织器官，有一个意外的事故证明了这一点。一个铁路工人意外地被锁在一个冷冻车厢里，他清楚地意识到如果出不去，就会冻死。不到20个小时，冷冻车厢被打开，他已经死了，医生证实是冻死的。可是，人们仔细检查了车厢后发现，冷气开关并没有打开。那个工人确实死了，因为他确信，在冷冻的情况下是不能活命的。所以，在极端的情况下，极度悲观会导致死亡。

思路突破 克服悲观的方法

其实，悲观的心态并不可怕，只要你调整心态，一切困难都可以克服。

一定要懂得积极态度所带来的力量，要相信希望和乐观能引导你走向胜利。

即使处境危难，也要寻找积极因素。这样，你就不会放弃努力。

有幽默感的人，会轻松地克服恶运，排除随之而来的不好的念头。

既不要被逆境困扰，也不要幻想奇迹，要脚踏实地，全力以赴去争取。

不管面对多么严峻的形势，你都要努力去发现有利的因素。慢慢地，你就会发现自己有一些小的成功，这样，自信心自然也就增长了。

不要把悲观作为保护你失望情绪的缓冲器。乐观是希望之花，能赐人以力量。

失败时，你要想到你曾经多次获得过成功，这才是值得庆幸的。10个问题，你做对了5个，那么还是完全有理由庆祝一番，因为你成功地做对了5个问题。

你要努力接近乐观的人，观察他们的行为。通过相处，乐观的火种会慢慢地在你内心点燃。

要知道，悲观不是天生的。就像人类的其他态度一样，悲观不但可以减轻，而且通过努力还能转变成一种新的态度——乐观。

如果乐观使你成功地克服了困难，那么你就应该相信这样的结论：乐观是成功之源。

第三章　拆掉思维里的墙：原来我还可以这样活

在旧观念中沉湎

在一家效益不错的公司里，总经理叮嘱全体员工："谁也不要走进8楼那个没挂门牌的房间。"但他没解释为什么，员工都牢牢记住了总经理的叮嘱。

一个月后，公司招聘了一批员工，总经理对新员工又交代了同样的话。

"为什么？"这时有个年轻人小声嘀咕了一句。

"不为什么。"总经理满脸严肃地答道。

回到岗位上，年轻人还在不解地思考着总经理的叮嘱，其他人便劝他干好自己的工作，别瞎操心，听总经理的，没错。但年轻人却偏要走进那个房间看看。

他轻轻地叩门，里面没有反应，再轻轻一推，虚掩的门开了，只见里面放着一个纸牌，上面用红笔写着：把纸牌送给总经理。

这时，同事们开始为他担忧，劝他赶紧把纸牌放回去，大家替他保密。但年轻人却直奔15楼的总经理办公室。

当他将那个纸牌交到总经理手中时，总经理宣布了一项惊人的决定："从现在起，你被任命为销售部经理。"

"就因为我把这个纸牌拿来了？"

"没错，我已经等了快半年了，相信你能胜任这份工作。"总经理充满自信地说。

果然，上任后，年轻人把销售部的工作搞得红红火火。

像故事中的年轻人一样要勇于走进某些禁区，你会采摘到丰硕的果实。打破条条框框的束缚，敢为天下先的精神正是开拓者的风貌。

思路突破 要勇于突破自己

有个顽童无意间在悬崖边的鹰巢里发现了一颗老鹰的蛋，他一时兴起，将这颗蛋带回父亲的农庄，放在母鸡的窝里，想看看能不能孵出小鹰来。

果然如顽童的期望，那颗蛋孵出了一只小鹰。小鹰跟着同窝的小鸡一起长大，每天在农庄里追逐主人喂饲的谷粒，一直以为自己是只小鸡。

某一天，母鸡焦急地咯咯大叫，召唤小鸡们赶紧躲回鸡舍内，慌乱之际，只见一只雄壮的老鹰俯冲而下，小鹰也和小鸡一样，四处逃窜。

经过这次事件后，小鹰每次看见在远处天空盘旋的老鹰，总是不禁喃喃自语："我若是能像老鹰那样，自由地翱翔在天上，该有多好。"

而一旁的小鸡总会提醒它："别傻了，你只不过是只鸡，是不可能高飞的，别做白日梦了。"

小鹰想想也对，自己不过是只小鸡。

直到有一天，一位驯兽师和朋友路过农庄，看见这只小鹰，便兴致勃勃要教小鹰飞翔，而他的朋友则认为小鹰的翅膀已经退化无力，劝驯兽师打消这个念头。

驯兽师却不这么想，他将小鹰带到农舍的屋顶上，认为由高处将

小鹰掷下，它自然会展翅高飞。不料，小老鹰只轻拍了几下翅膀，便落到鸡群当中，和小鸡们四处找寻食物。

驯兽师仍不死心，再次带着小鹰爬到农庄最高的树上，掷出小鹰。小鹰害怕之余，本能地展开翅膀，飞了一段距离，看见地上的

小鸡们正忙着追寻谷粒，便立时停了下来，加入鸡群中争食，再也不肯飞了。

在朋友的嘲笑声中，驯兽师这次将小鹰带到悬崖上。小鹰用锐利的眼光往下看，大树、农庄、溪流都在脚下，而且变得十分渺小。待驯兽师的手一放开，小鹰展开宽阔的巨翼，终于实现了它的梦想，自由地翱翔于天际。

我们每个人都曾经如同小鹰一般，曾拥有翱翔天际、悠游自在的美妙梦想。然而，这些伟大的梦想，往往也就在周围亲友的一句句"别傻了""不可能"声中逐渐萎缩，甚至破灭。

就算侥幸遇上一位懂得欣赏我们的驯兽师，硬将我们带到更高的领域，往往我们也会像小鹰回头望见地上争食的鸡群一般，再次飞回地上，加入往日那个不敢梦想的群体里。

所以，我们要勇于突破自己的局限。用新的眼光去看世界，切莫在老的观念中沉湎，切莫让自己失去向上发展的勇气和动力。

"恐龙族"的改变之痛

一亿年前，地球上到处是体积硕大的恐龙。后来，地球上发生变故，恐龙在很短的时间内灭绝了。直到现在，科学家还不能确定究竟当时发生了什么，唯一能确定的事，就是恐龙因为无法适应这种变故，而遭致绝迹。

能变通者才能生存，"物竞天择，适者生存"的准则，不仅适用于上古时代，同样也适用于科技文明的现代社会。不论是

生物学家还是经济学家都承认，在激烈的竞争中，凡是不能适应者，都会被淘汰。

在工作中，我们可以看到仍然有太多的"恐龙式人物"存在。这些"恐龙式人物"的特征大致如下：顽固、严苛、立定不前、缺乏弹性。

在工作上，"恐龙族"最大的障碍就是无法适应环境。在他们周围有许多学习新技术、继续深造、创新企业的机会，但是他们往往视而不见，根本无心寻求新的突破。

工作与生活永远是变化无穷的，我们每天都可能面临改变，新产品和新服务不断涌现，新技术不断被引进，新的任务被交付，新的同事、新的老板……这些改变，也许微小，也许剧烈，但每一次的改变，都需要我们调整心态重新适应。

"恐龙族"不喜欢改变，他们安于现状，没有野心，没有创新精神，没有工作热忱，不设法改进自己，不让自己做得更好。

"恐龙族"不肯承认改变的事实。他们不愿为自己制造机会，而情愿受所谓运气、命运的摆布。因为不相信自己能掌握命运，所以会选择错误，在人生的道路上蹒跚前进。

"恐龙族"忘记了一个很重要的道理：一个人能否获得成功，就看他是不是敢于创新，敢于尝试。乐于冒险，喜欢试验，学会变通，这些才是获得成功的途径。

思路突破 变化是最好的适应法则

一位搏击高手参加比赛，自负地以为一定可以夺得冠军，却不料在最后的比赛中，遇到一个实力相当的对手。双方皆竭尽了全力出招攻击，搏击高手发觉，自己竟然找不到对方招式中的破绽，而对方的攻击却往往能够突破自己的防守。

他愤愤不平地回去找到师父，一招一式地将对方和他对打的过程再次演练给师父看，并央求师父帮他找出对方招式中的破绽。

师父笑而不语，在地上划了一道线，要他在不擦掉这条线的前提下，设法让这条线变短。

搏击高手苦思不解，最后还是放弃思考，请教师父。

师父在原先那条线的旁边，又划了一道更长的线，两者相较之下，原先的那条线看起来变得短了许多。

师父开口道："夺得冠军的重点，不在于如何攻击对方的弱点。正如地上的长短线一样，只要你自己变得更强，对方正如原先的那条线一般，也就无形中变得较弱了。如何使自己更强，才是你需要苦练的。"

天才并不是天生的强者，他们的意识与自我创新力并非与生俱来，而是在后天的努力中逐渐形成的。我们应该明白，最好的适应和生存法则便是创新和变化。

最大的危险是不冒险

利奥·巴士卡利雅说："希望就有失望的危险，尝试也有失败的可能。但是不尝试怎么能有收获？不尝试怎么能有进步？不做也许可以免于受挫折，但也失去了学习或爱的机会。一个把自己限于牢笼中的人，是生活的奴隶，无异于丧失了生活的自由。只有勇于尝试的人，才拥有生活的自由，才能突破人生难关。"

这正是他对自己生活的总结。小时候，大人们常常告诫他，一旦选错行，梦想就不会成真，还告诉他，他永远不可能上大学，劝他把眼光放在比较实际的目标上。但是，他没有放弃自己的梦想，不但上了大学，还拿到了博士学位。当他决定放弃已有的一份优越工作去环游世界时，人们说他最终会为此后悔，并且拿不到终身教职，但是，他还是上了路。结果，他回来后不但找到了一份更好的工作，还拿到了终身教职。当他在南加州大学开办"爱的课程"时，人们警告他，他会被当作疯子。但是，他觉得这门课很重要，还是开了。结果，这门课改变了他的一生。他不但在大学中教"爱的课程"，还被邀请到广播、电视台举办爱的讲座，受到美国公众的欢迎，成为家喻户晓的爱的使者。他说："每件值得的事都是一次冒险。冒险当然有带来痛苦的可能，可是不去冒险的空虚感更痛苦。"

事实上，无论我们选择试还是不试，时间总会过去。不试，什么也没有；试，虽然有风险，但总比空虚度日强，总会有收获。只有当我们选择尝试时，我们才能不断发现自己的潜力，从而找到最适合自己的事业，并渡过人生的难关。

思路突破 冒险奏出生命的最强音

不论何时，只要去尝试，就会把自己推向冒险之途。假如你想致力于改良事物的现况，就必须冒险。

成功者最大的特点就是具有想用新的点子做实验及冒险的意愿。进取的人和普通人最明显的差别就在于，进取的人勇于冒险，如果做事怕冒险的话就没办法把事情做好了。

说到冒险精神，人们就会想到发现美洲大陆的哥伦布。

哥伦布还在求学的时候，偶然读到一本毕达哥拉斯的著作，知道了地球是圆的，他就牢记在脑子里。经过很长时间的思索和研究后，他大胆地提出，如果地球真是圆的，他便可以经过极短的路程而到达印度了。自然，许多自以为有常识的大学教授和哲学家们都嘲笑他。他们觉得，他想向西方行驶而到达东方的印度，岂不是傻人说梦话吗？他们告诉他，地球是平的，然后又警告道，他要是一直向西航行，他的船将驶到地球的边缘而掉下去……这不是等于走上自杀之路吗？

然而，哥伦布对这个问题很有自信，只可惜他家境贫寒，没有钱让他去实现这个理想。他想从别人那儿得到一点钱，助他成功，但一连等了17年，还是失望，所以，他决定不再向这个"理想"努力了。因为使他忧虑和失望的事情太多了，竟使他的红头发也完全变白了——虽然当时他还不到50岁。

灰心的哥伦布，这时只想进西班牙的修道院，去度过后半生。正在这时候，罗马教皇却怂恿西班牙皇后伊莎贝露帮助哥伦布。教皇先送了65元给哥伦布，算是路费；但他自觉衣服过于褴褛，便用这些钱买了一套新装和一匹驴子，然后启程去见伊莎贝露，沿途穷得竟以乞讨糊口。皇后赞赏他的理想，并答应给他船只，让他去从事这个冒险的工作。为难的是，水手们都怕死，没人愿意跟随他。于是哥伦布鼓起勇气跑到海滨，找了几位水手，先向他们哀求，接着是劝告，最后用恫吓手段逼迫他们去。另一方面他又请求皇后释放狱中的死囚，并许诺他们如果冒险成功，就可以免罪恢复自由。

1492年8月，哥伦布率领3艘船，开始了一次划时代的航行。刚航行几天，就有两艘船破了，接着他们又在几百平方公里的海藻中陷入了进退两难的险境。他亲自拨开海藻，才得以继续航行。在浩瀚无垠的大西洋中航行了六七十天，也不见大陆的踪影，水手们都失望了，他们要求返航，否则就要把哥伦布杀死。哥伦布兼用鼓励和高压两手，总算说服了船员。

天无绝人之路，在继续前进中，哥伦布忽然看见有一群飞鸟向西南方向飞去，他立即命令船队改变航向，紧跟这群飞鸟。他知道海鸟总是飞向有食物和适于它们生活的地方，所以他预料附近可能有陆地。果然，他们很快发现了美洲大陆。

当他们返回欧洲报喜的时候，又遇上了四天四夜的大风暴，船只面临沉没的危险。在十分危急的时刻，他想到的是如何使世界知道他的新发现，于是，他将航行中所见到的一切写在羊皮纸上，用腊布密封后放在桶内，准备在船毁人亡后，使自己的发现能够留在人间。

哥伦布他们很幸运，终于脱离了危险，胜利返航了。无须赘言，哥伦布如果没有不怕困难、不怕牺牲、勇往直前的进取精神，"新大陆"能被早日发现吗？

哥伦布那种无畏、勇敢和百折不回的精神，值得学习。当水手们畏惧退缩的时候，只有他还要勇往直前；当水手们"恼羞成怒"警告他再不折回，便要杀了他时，他的答复还是那一句话："前进啊！前进啊！前进啊！"

看看哥伦布，再看看我们自己，我们没有任何理由不去修正自己，以便建立起勇于去冒险的坚定信念。你想要美好的机遇吗？你想要事业的成功吗？那就要敢冒风险，去探索，去创造，不要瞻前顾后，不要惧怕失败。

给自己一个好的改变

下面这个故事，会对我们有所启示。

动物园里新来了一只袋鼠，管理员将它关在一片有着1米高围栏的草地上。

第二天一早，管理员发现袋鼠在围栏外的树丛里蹦蹦跳跳，立刻将围栏的高度加到2米，把袋鼠关了进去。

第三天早上，管理员还是看到袋鼠在栏外，于是又将围栏的高度加到3米，又把袋鼠关了进去。

隔壁兽栏的长颈鹿问袋鼠："依你看，这围栏到底要加到多高，才能关得住你？"

袋鼠回答道："很难说，也许5米高，也许10米，甚至可能加到100米高——如果那个管理员老是忘了把围栏的门锁上的话。"

在过往的岁月中，相信你一定非常努力地追求过很多东西，比如财富、名望、爱情、尊严……

你得到了吗？得到之后，幸福与快乐是否也随之而来？而你是否真的快乐？

问题可能在于我们的出发点是否正确。大多数人都认为："先让我得到，然后再为快乐操心。"而当他们耗尽心血，终于

到达成功顶峰时，环顾周围，却蓦然发现，自己是如此的孤独与不快乐。

或许这时你不禁要问："我哪里做错了，怎会如此？"而一些从未成功过的朋友，也一直都喜欢问同样的问题。故事中袋鼠的回答应是最好的答案：如果不将栅门锁好，围栏加得再高也是枉然。

每一个人现在所处的境况，正是以往自己所抱的想法造成的。所以，如想改变未来的生活，使之更加顺利，必得先改变此时的想法。坚持错误的观念，固执不愿改变，即使再努力，恐怕也体会不到成功带来的喜悦。

（思路突破） 人生的精彩在改变中

一个平凡的上班族迈克·英泰尔，37岁那年做出了一个疯狂的决定：放弃薪水优厚的记者工作，把身上仅有的3块多美元捐给街角的流浪汉，只带了干净的内衣裤，由阳光明媚的加州，靠搭便车与陌生人的好心，横越美国。

他的目的地是美国东岸北卡罗莱纳州的"恐怖角"（Cape Fear）。

这是他精神快崩溃时做的一个仓促决定。某个午后他忽然哭了，因为他问了自己一个问题：如果有人通知我今天死期到了，我会后悔吗？答案竟是那么的肯定。虽然他有好工作、亲友、美丽的女友，他发现自己这辈子从来没有下过什么赌注，平顺的人生从没有高峰或谷底。

一念之间，他选择北卡罗莱纳的恐怖角作为最终目的，借以象征他征服生命中所有恐惧的决心。

他检讨自己，很诚实地为他的"恐惧"开出一张清单：打小他就怕保姆、怕邮差、怕鸟、怕猫、怕蛇、怕蝙蝠、怕黑暗、怕大海、怕飞、怕荒野、怕热闹又怕孤独、怕失败又怕成功……他无所不怕，却又似乎"英勇"地当了记者。

这个懦弱的37岁男人上路前竟还接到奶奶的纸条："你一定会在路上被人杀掉。"但他成功了，4000多里路，78顿饭，依赖82个好心的陌生人。

一路上，他没有接受过任何金钱的馈赠，在雷雨交加中睡在潮湿的睡袋里，也有几个像杀手或抢匪的家伙使他心惊胆战。他在游

民之家靠打工换取住宿，还碰到不少患有精神疾病的好心人。他终于来到了恐怖角。

恐怖角到了，但恐怖角并不恐怖。原来"恐怖角"这个名称，是16世纪的一位探险家取的，本来叫"Cape Faire"，被讹写为"Cape Fear"，只是一个失误。

迈克·英泰尔终于明白："这名字的不当，就像我自己的恐惧一样。我现在明白自己为什么一直害怕做错事，我不是恐惧死亡，而是恐惧生命。"

花了6个星期的时间，到了一个和自己的想象无关的地方，他得到了什么？

重要的不是目的，而是过程。虽然他不会想要再来一次，但这次经历在他的回忆中是甜美的信心之旅，仿如人生。

人生也是如此。当你在一个安逸的环境中沉湎得太久时，一切都已成定势，你只是顺着生活的惯性往前走，心中已没有了追求事业和成功的热切渴望。一个人只有勇于去改变，才能让事业和生活的轨道脱离原来的固有模式，朝着新的方向驰骋。给自己一个好的改变吧，这是你事业成功的必由之路。

第四章

别让借口害了你：
不找借口找办法

患上"借口症"

我们来看看几个常见的借口是如何的荒谬。

年龄借口

两个儿时的玩伴，十几年后聚在一起，大家都大为感慨，于是亲切地聊起来。然而，令人吃惊的是，两人竟都说自己已经"老"了。"现在只是为了孩子赚钱，还有十几年就要退休养老了，没有其他想法了。"

老天，才三十五六岁！怎么就等待退休养老呢？

怪不得我们这个社会有那么多失败者，他们不努力去追求成功，却随意找借口，迎接和等待人生的失败。

按说这两位玩伴现在都具有很好的条件，可以设立一个目

标，努力攀登。遗憾的是，他们竟然放弃了一切追求，年龄的借口和其他的交谈都显露了他们消极失败的心态。三十五六岁就说"老"了。事实恰恰相反，三十五六岁的人生是最有作为、精力最旺盛的时候。因为这个时候，人们因吸收广泛的生活养料而比较成熟，更容易认识和把握自己。

许多成功者，都是在30～60岁的年龄阶段达到自己事业的顶峰的。北京天安制药集团总裁吕克键，49岁才辞职开始创业；山东乳山百万富翁养蚶专家辛启泰，50岁才从海边滩涂上寻找到成功之路；四川"蚊帐大王"杨百万66岁才从摆小摊开始做生意；美国前总统里根73岁还参加竞选。

拿破仑·希尔对2500人进行分析后，发现很少有人在40岁以前取得事业上的大成功。美国著名的汽车大王福特，40岁还没有迈出成功的重要步伐。美国钢铁大王安德鲁·卡耐基取得巨大成功之时，已过40岁。希尔本人出版第一本成功学著作时已是45岁，之后他为事业成功还奋斗了42年，当他80岁的时候还在出书。

年龄，绝不能成为不成功的借口。

工作中的借口

我们经常会听到这样或那样的借口。它们听起来好像是"理智的声音"，"合情合理的解释"，冠冕而堂皇。上班迟到了，会有"路上堵车""手表停了""今天家里事太多"等借口；业务拓展不开，工作无业绩，会有"制度不行""政策不好"或

"我已经尽力了"等借口。事情做砸了有借口，任务没完成有借口。只要有心去找，借口无处不在。借口就是一块敷衍别人、原谅自己的"挡箭牌"，就是一个掩饰弱点、推卸责任的"万能器"。

寻找借口，就是把自己的过失掩饰掉，把应该自己承担的责任转嫁给社会或他人。这样的人，在企业中不会成为称职的员工，在社会上也不是可信赖和尊重的人。这样的人，注定只能是一事无成的失败者。

教育和文凭的借口

"我没有受过良好的教育"，"我没有文凭"，这是不少人常用的借口。学校教育、文凭教育，仅仅是千万条求知途径中的一种。要知道从学校的书本上学东西，常常有很大的局限性，真正的教育来自社会大学和自学。

我们看看那些成功人物的教育与文凭情况："椰树集团"董事长王光兴，初中文凭；"果喜集团"总裁张果喜，小学文凭；治秃专家赵章光，高中文凭；美国钢铁大王安德鲁·卡耐基13岁开始工作，几乎没接受什么正规教育；美国石油大王洛克菲勒，高中辍学；日本松下幸之助只有小学四年级的学历；香港富商李嘉诚，初中辍学……这些成功者全靠自学。

受到良好的学校教育，当然对成功有帮助，没有受到学校教育、没有文凭的人，只要愿意，自学永远不晚。

资金借口

"我没有资金，所以我不能成功……"

事实是，有资金可以帮助我们成功，但没有资金，只要想办法同样可以创业赚钱，同样可以成功。其实，资金来源途径很多：积少成多地积累，大雪球是由小雪球滚成的；向亲朋好友借钱集资；寻找一个能生财的门路；抓住机会找银行贷款；或找单位和个人合资；集资入股……许多做大生意的人都不是靠个人的资金，而是充分利用了银行、信用社以及社会闲散资金。

失败者大都喜欢找借口，成功者却大都拒绝找借口，向一切可以作为借口的原因或困难挑战。富兰克林·罗斯福因患小儿麻痹症而下身瘫痪，他有资格找借口。可是他以信心、勇气和顽强的意志向一切困难挑战，冲破美国传统束缚，连任四届美国总统。他以病残之躯，在美国历史上，也在人类历史上写下了光辉灿烂的成功篇章。

此外，还有"运气"借口、"健康"借口、"出身"借口、"人际关系"借口等。希尔在他的《思考致富》里将一位个性分析专家编的借口表列出来，竟然有50个之多（在下一节里，我们会继续就失败者的著名托词进行探讨）。希尔说："找借口解释失败是全人类的惯常做法。这种做法同人类历史一样源远流长，且对成功有着致命的破坏力。"

不找借口找原因，不找借口找方法

当你面对失败时，不要寻找借口，而应找出失败的原因。

一个人做事不可能一辈子一帆风顺，就算没有大失败，也会有小挫折。而每个人面对失败的态度也都不一样，有些人不把失败当一回事，他们认为"胜败乃兵家之常事"。也有人拼命为自己的失败找借口，告诉自己，也告诉别人，他的失败是因为别人扯了后腿、家人不帮忙，或是身体不好、运气不佳等。不把失败当一回事的人也不一定会成功，因为如果他不能从失败中吸取教训，就算有过人的能力也没用。但不敢面对失败，老是为失败寻找借口，也不能获得成功。

为自己的失败寻找借口的人一般都不从自己身上找原因，固然有很多失败是来自于客观因素，是无法避免的，但大部分失败却都是因主观原因造成的。

失败是件痛苦的事，人要追求成功就必须找出失败的原因来，以便对症下药。

要找出失败的原因并不很容易，因为人常会下意识地逃避，因此应双管齐下，自己检讨，也请别人批评。自己检讨是主观的，有正确的，也有不正确的；别人批评是客观的，当然也有正确的和不正确的，两者相比较，便能找出失败的真正原因了，这些原因一定和你的个性、智慧、能力有关。你应该好好分析这些问题，诚实地面对，并自我修正。如果能这么做，那你就不会再犯同样的错误，并且成功得比较快。如果一失败就找借口，那你失败的机会很可能会多于成功的机会，因为你并未从根本上解决"病因"，当然也就要时常发病了！

50个著名托词

不成功的人有一种共同的性格特征，他们知道失败的原因，并且有一套托词。

一个性格分析家编了一份常用的托词单子，你在读这份单子时，请细心检讨自己，从而判定这些托词中有多少是你自己常用的，然后毫不犹豫地抛弃它们，从而更加肯定自己的能力，向成功发起冲刺。

假如我年轻些……
假如我生来富有……
假如我长得好看……
假如我努力工作……

假如老板赏识我……
假如我嫁（娶）对人……
假如人们不这么笨……
假如我可以存点钱……
假如我能早一步……

假如我可以做自己想做的事……
假如我受过良好的教育……
假如我不在乎他们说的话……
假如我能碰到"贵人"……
假如我具有别人的才能……

假如我没有家累……
假如我有钱……
假如我找得到工作……
假如我身体健康……
假如我有时间……

假如生能逢时……
假如人家了解我……
假如周遭情况不同……
假如能重活一遍……
假如过去让我有机会……
假如我现在有机会……

假如没有人刺激我……

假如我没有这么多烦恼……

假如我对自己有信心……

假如我不是时运不济……

假如我曾把握机会……

假如我不这么胖……

假如我有他人的个性……

假如有人能帮助我……

假如我的家人不这么奢侈……

假如我不是生来命运不佳……

假如"该是什么就会是什么"是不正确的……

假如我不用这么辛苦工作……

假如我不用料理家务和照顾孩子……

假如我没有损失我的财产……

假如我的家人了解我……

假如我住在大都市……

假如我敢维护自己的权益……

假如我没有浪费时间……

假如我有空……

假如人家知道我的才能……

假如我能有个"机会"……

假如我能偿清债务……

假如我没有失败……

假如我知道该怎么做……

假如没有人反对我……

朋友，你还要说什么呢？所有这些都只能证明你是弱者！还不行动，更待何时？要有勇气正视自我、看清自我，发现错误，并加以改正。

制造托词来解释失败，这是我们惯常的做法。这种习惯与人类的历史同样古老，这是成功的致命伤！

思路突破 莫让托词成习惯

制造借口是人类的习惯，这种习惯是根深蒂固的。柏拉图说过："征服自己是最大的胜利，被自己所征服是最大的耻辱和邪恶。"

另一位哲学家也有相同的看法，他说："当我发现别人最丑陋的一面正是我自己本性的反映时，我大为惊讶。"艾乐勃·赫巴德说："我不明白，为何人们用这么多的时间制造借口以掩饰他们的弱点，并且故意愚弄自己，如果用在正确的用途上，这些时间足够矫正这些弱点，那时便不需要借口了。"

以往你也许有一种合理的借口，不去追求你的理想，但是这一借口现在应该抛弃了，因为你已经有了开启人生财富之门的万能钥匙。

这把万能钥匙是无形的，却是强大有力的！如果你不使用它，则必须付出代价。这个代价就是失败。如果你使用这把钥匙，将会获得成功。

成功值得你全力以赴。从现在开始，相信你自己！

你一定会成功的！

苦等机遇降临

机遇之神经常敲响大门，但有些人可能不敢去开启，因为他们开始犹豫，害怕敲门的不是天使，而是魔鬼。但就是在犹豫的刹那间，机遇之神溜走了。然后他们又开始悔恨：为什么自己没有抓住机遇？这样的情况我们每天都会耳闻目睹。很多人在机会降临的时候犹豫不决，在机会转瞬即逝之后又悔恨。

一位探险家在森林中看见一位老农正坐在树桩上抽烟，于是他上前打招呼说："您好，您在这儿干什么呢？"

这位老农回答："有一次我正要砍树，但就在这时风雨大作，刮倒了许多参天大树，这省了我不少力气。"

"您真幸运！"

"您可说对了，还有一次，暴风雨中的闪电把我准备焚烧的干草给点着了。"

"真是奇迹！现在您准备做什么？"

"我正等待发生一场地震把土豆从地里翻出来。"

这位老农是坐等机会者。他这样坐等机会，也许偶尔有机会光顾于他，但不会很多。而探险家则是主动寻找机会者，机会出现，就会一鸣惊人，成为响当当的成功者。显然，年轻人应该有探险家的精神。如果你失业，不要希望差事会自动上门，天上不会掉馅饼。

　　人们总是这样说："如果给我一个机会……"或者是："为什么我的机会那么少？"朋友，抛开顾虑，创造你的机遇吧！跨出第一步，闯进机遇的网络之中，任由机遇把你带到遥远的地方去。不要怕，因为机遇往往在无畏的人面前出现。

思路突破 成功机会不会自动降临

　　有一位名叫西尔维亚的美国女孩，她的父亲是波士顿有名的整形外科医生，母亲在一家声誉很高的大学担任教授。她的家庭对她有很大的帮助，她完全有机会实现自己的理想。她从念中学的时候起，就一直梦寐以求当电视节目的主持人。她觉得自己具有这方面的才干，因为每当她和别人相处时，即便是陌生人也都愿意亲近她并和她长谈。她的朋友们称她是他们的"亲密的随身精神医生"。她自己常说："只要有人愿给我一次上电视的机会，我相信我一定能成功。"

但是，她为达到这个理想而做了些什么呢？她什么也没做，而是等待奇迹出现，希望一下子就当上电视节目的主持人。

西尔维亚不切实际地期待着，结果什么奇迹也没有出现。

谁也不会请一个毫无经验的人去担任电视节目主持人。而且，节目的主管也没有兴趣跑到外面去搜寻人，相反都是别人去找他们。

另一个名叫辛迪的女孩却实现了西尔维亚的理想，成了著名的电视节目主持人。辛迪并没有坐等待机会出现。她不像西尔维亚那样有可靠的经济来源，所以白天去打工，晚上在大学的舞台艺术系上夜校。毕业之后，她开始谋职，跑遍了洛杉矶的广播电台和电视台。但是，每一个地方的经理对她的答复都差不多："不是已经有几年经验的人，我们是不会雇用的。"

但是，她不退缩，也没有在家等待机会，而是出去寻找机会。她一连几个月仔细阅读广播电视方面的杂志，最后终于看到一则招聘广告，北达科他州有一家很小的电视台招聘一名预报天气的女主持人。

辛迪是加州人，不喜欢北方。但是，有没有阳光、是不是下雪都没有关系，她只是希望找到一份和电视有关的职业，干什么都行！她抓住这个工作机会，动身到北达科他州。

辛迪在那里工作了2年，最后在洛杉矶的电视台找到了一个工作。又过了5年，她终于得到提升，成为了她梦寐以求的节目

人生总会有办法 思路决定出路

主持人。西尔维亚那种失败者的思路和辛迪成功者的观点正好背道而驰。她们的分歧点就在于，西尔维亚在10年当中，一直停留在幻想上，坐等机会，期望时来运转，然而时光却流逝了。而辛迪则是采取行动。首先，她充实了自己；然后，在北达科他州受到了训练；接着，在洛杉矶积累了比较多的经验；最后，终于实现了理想。

失败者谈起别人的成功总会愤愤不平地说："人家有好的运气。"他们不采取行动，总是盼着有一天他们会走运，他们把成功看作降临在"幸运儿"头上的偶然事情。而成功者都是勤奋的人，他们从来都不指望运气的降临，只是忙于解决问题，忙于把事情做好。

唯唯诺诺，职场大病

什么是唯唯诺诺？它是没有自信、没有魄力、缺乏勇气的一种表现。唯唯诺诺者多遵守纪律，乐于服从，但在许多情况下，这种人给人的感觉是难当大任，不可能创造性地开展工作，也难独当一面。

所以，下属要想获得领导的重视，使自己成为一个对领导有用甚至是其无法离开的人，就要尽量避免唯唯诺诺这种软弱的表现。

正如曾在日本电力公司服务、被人称为"公司之鬼"的松永安左卫门曾经说的那样："人要有气魄，只要有气魄，天下无难事。丧失气魄的人，就没救了。有气魄者，地位、金钱，均可纷至沓来。"

下属能够取信于领导，能够为领导所重视，最重要的是要有实力。下级应表现自己的才干和魄力，能够替领导分忧，领导才不会忽视你。

唯唯诺诺，会使领导对你的才干产生怀疑；唯唯诺诺，是一种消极的行为方式，表现的是人的性格中不进取、不强大的一面。而许多工作的开展，则特别需要人的勇气、毅力、坚韧、果断、积极主动的态度和创造性精神。显然，唯唯诺诺者不会让领导感到放心，不敢把重担交付给你。一旦领导对你留下缺乏才干、没有气魄的印象，你将会失去很多宝贵的机遇。毕竟，每一个人都不想一辈子碌碌无为，永远停留在被领导的位置上。

唯唯诺诺，会使你创造不出使领导满意的工作实绩。唯唯诺诺者有一个特征，就是喜欢依赖别人，不能离开领导的直接指挥和明确指示而独立地开展工作，工作中也是谨小慎微，不敢有所创新。试想，领导要把一部分工作交给下属去做，是因为他觉得自己的下属能很好地完成它们。如果你事事要得到上级的确切命令才能行事，这就等于把他分配给你的工作又踢了回去，他一定不会高兴的。事实上，要做好任何一件事，都是离不开人的勇气和胆识的。而一个没有工作实绩，在领导眼中是无能之辈的下属，想获得领导的重用，这种可能性实在是太小了。

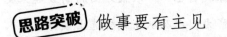 做事要有主见

索菲娅·罗兰是意大利著名影星，自1950年从影以来，已拍过

60多部影片。她的演技炉火纯青，曾获得1961年度奥斯卡最佳女演员奖。她16岁时来到罗马，要圆她的演员梦。但她从一开始就听到了许多不利的意见。用她自己的话说，就是她个子太高，臀部太宽，鼻子太长，嘴太大，下巴太小，根本不像一般的电影演员，更不像一个意大利式的演员。制片商卡洛看中了她，带她去试了许多次镜头，但摄影师们都抱怨无法把她拍得美艳动人，因为她的鼻子太长，臀部太"发达"。卡洛于是对索菲娅说，如果你真想干这一行，就得把鼻子和臀部"动一动"。索菲娅可不是个没主见的人，她断然拒绝了卡洛的要求。她说："我为什么非要长得和别人一样呢？我知道，鼻子是脸庞的中心，它赋予脸庞以性格，我就喜欢我的鼻子和脸。至于我的臀部，那是我的一部分，我只想保持我现在的样子。"她决心不靠外貌而靠自己内在的气质和精湛的演技来取胜。她没有因为别人的议论而停下自己奋斗的脚步。她成功了，那些有关她"鼻子长，嘴巴大，臀部宽"等的议论都"自息"了，这些特征反倒成了美女的标准。索菲娅在20世纪末，被评为这个世纪的"最美丽的女性"之一。

索菲娅·罗兰在她的自传《生活与爱情》中这样写道："自我开始从影起，我就出于自然的本能，知道什么样的化妆、发型、衣服和保健最适合我。我谁也不模仿。我从不去奴隶似的跟着时尚走。我只要求看上去像我自己……衣服方面的高级趣味反映了一个人的健全的自我洞察力，以及从新式样选出最符合个人特点的式样的能力……你唯一能依靠的真正实在的东西……就是

人生总会有办法　思路决定出路

你和你周围环境之间的关系，你对自己的估计，以及你愿意成为哪一类人的估计。"

索菲娅·罗兰谈的是化妆和穿衣一类的事，但她深刻地触到了做人的一个原则，就是凡事要有自己的主见，"不去奴隶似的"盲从别人。你要尊重自己的鉴别力，培养自己独立思考的能力，而不要像墙头草一样，随风倒。

小泽征尔是世界著名的交响音乐指挥家。在一次欧洲指挥大赛的决赛中，小泽征尔按照评委给他的乐谱指挥乐队演奏。指挥中，他发现有不和谐的地方。他以为是乐队演奏错了，就停下来重新指挥演奏，但还是不行。"是不是乐谱错了？"小泽征尔问评委们。在场的评委们口气坚定地说乐谱没问题，"不和谐"是他的错觉。小泽征尔思考了一会儿，突然大吼一声："不，一定是乐谱错了！"话音刚落，评委们立刻报以热烈的掌声。原来，这是评委们精心设计的"圈套"。前两位参赛者虽然也发现了问题，但在遭到权威的否定后就不再坚持自己的判断，终遭淘汰。而小泽征尔不盲从权威，他最终摘取了这次大赛的桂冠。

还有一个类似的故事：在一家医院，一位大夫在给病人做完手术后，对在一旁第一次做助手的护士说："我们一共在患者体内放了11块棉球，都取出来了吧？"年轻的护士回答："大夫，是12块棉球，还有1块没有取出来。"大夫生气地说："我记得很清楚，是11块，不会错的。"护士低头又仔细数了数手中盘子里的棉球，然后抬起头，说："大夫，是12块，还少一块。"这时大

夫笑了，他挪开了脚，让护士看——地上有一块棉球，刚才他故意藏在了脚下。

自我推销是人生难题

一个人若想获得成功，必须善于推销自己。推销自己是一种才华、一种艺术。当你学会了推销自己，你就几乎已可推销任何东西。有的人具备了这项才华，而有的人就不这么幸运了。

每天我们都在推销——不论我们对推销是否在行。

当我们推销自己的时候，我们必须对种种情况有所了解。

我们是什么人？我们必须提供的是什么？我们的优点在哪儿？缺点是什么？别人对我们有什么反应？我们的目的又何在？

对这些问题，必须以我们所认识的最确切的方式来回答，因为这是制订一个推销计划的基础。每一个人都必须找出自己的答案、自己的特点、自己的风格。跟你亲近的人，也许不好意思指出你的缺点——奇装异服、不良习惯等，因此当你准备推销自己时，必须诚实地对自己评价一番。

"你要推销的第一个对象，是你自己。"心理医生罗西诺夫说，"你愈对自己有信心，就愈能造成一种你很行的气氛。你必须感觉到，你有权呼吸，占据一个空间，并感觉到很自在。"你的态度全部反映在你的举手投足之间。

一个感到自在的人，就会坐在整个椅面上，而不会只坐在边缘上。如果他是个高大的人，他就不会缩着脖子。"推销自己时

可信程度的重要性，远超过任
何你要推销的产品或观
念。你必须盯住对方的
眼睛，使他深信你是个
可靠的人。"

例如，在找工作的
时候，尽可能把你成功的
例子呈现出来。对一位艺术
家或作家来说，这种过程是传统性
的；但对其他人来说，这同时可以很有效地表现出你如何解决
一个特殊的问题。如果你曾帮忙创造了一项产品，你应该拿出
照片来，加上一段简短的文字，说明该产品优于其他产品的特
点。通常视觉上的印象，会比纯文字的说明更具有深刻而长久
的效果，而且也会比你的自述强得多。

推销自己时你一定要有信心，绝不能表现出很不自信的样子。

最重要的是，你要认为你有资格担任那项职务，如果你被雇
用的话，你会做得很好。

此外，当你推销自己的时候，别担心做错事。但一定要从错
误中得到教训。

推销是一种才华，就像是绘画的能力，这需要培养个人的
风格；没有风格的话，你只是芸芸众生中的一个而已。推销自
己是一种才能，也是一种艺术。有了这种才能，人们才可能安

身立命，才能抓住机遇，使自己立于不败之地。能够将自己推销给别人的人才能推销世界上任何东西。而不懂得这些的人，他们把自己包在安于现状的套子里，不敢向自己发出挑战，从而一无所成。

思路突破 学会自我推销的技巧

推销自我对一个人的成功来说十分重要。推销自我一般有如下几种技巧：

★要学会表现自己

青年人大多喜欢表现自己，但如果表现不好，就容易给人一种夸夸其谈、轻浮浅薄的印象。因此，最大限度地表现你的优点是最好的办法，这是你的行动而不是你的自夸。

靠别人发现，终归是被动的。靠自己积极地表现，才是主动的。成功者善于积极地表现自己的才能、德行，以及各种各样的处理问题的方式。这样不但表现了自己，也吸收了别人的经验。学会表现自己吧——在适当的场合、适当的时候，以适当的方式向你的领导与同事表现你的业绩，这是很有必要的。

★将期望值降低一点

人有百种，各有所好。假如你投其所好仍然没能被对方接受，你就应该重新考虑自己的选择。倘若期望值过高，就应该适时将期望值下降一点。美国咨询专家奥尼尔说："如果你有修理飞机引擎的技术，你可以把它变成修理小汽车或大卡车的技术。"

★适当表现你的才智

一个人的才智是多方面的，假如你想表现你的口语表达能力，你就要在谈话中注意语言的逻辑性、流畅性和风趣性；如果你想要表现你的专业能力，当上司问到你的专业学习情况时就要详细说明，你也可以主动介绍，或者问一些与你的专业相符的情况；如果你想要让上司知道你是一个多才多艺的人，那么当上司问到你的兴趣爱好时就要趁机发挥或主动介绍，以引出话题，如果上司本身就是一个爱好广泛的人，那么你可以主动拜师求艺。

★推销自己应自然地流露而不是做作地表现

会表现的人都是自然地流露而不是做作地表现。成功者从不夸耀自己的功绩，而是让其自然地流露。在你向领导汇报工作时，不妨说："我做了某事……但不知做得怎么样，还望您多多指点，您的经验丰富。"这样，就充分体现了你谦虚的美德。如果你以请功的口气直接向你的领导说，这样，你只会降低自己的价值。

这是个竞争的社会

有人说，人生就是一个竞技场，"物竞天择，适者生存"，不管是什么人，要想达到自己的目标，就必努力争取。

在有些人的字典里，没有"竞争"二字，他们从来不参与竞争。他们的处世原则是与世无争，他们认为自己没有竞争的能

积极竞争才能赢。

力，在心底把自己归为弱者一类。

其实，谁都不是天生的强者，任何人的竞争意识都不是与生俱来的，而是在后天的奋斗中逐渐形成的。通过学习，谁都能有胆有识，敢于竞争。

不要因为弱小而不敢与人竞争，弱者有自己生存的方式，要相信弱者不败，要勇敢面对。

自然界有一条定律，弱者有自己的空间。的确，无论是强者还是弱者都有一套适应自然法则的本领，只要你认真地生活，只要你充分发挥自己的优势，你的优势会弥补你的不足，你定能获得成功。

思路突破 积极竞争才能赢

竞争是文明的世界发展的内驱力，它也是对自我消极状态的一种挑战。

有益的竞争，能激发自己的创造活力；参与有益的竞争，才会推动群雄竞技，造成百花齐放、百家争鸣、百业兴旺的局面。

在崇尚竞争、尊崇超越的知识经济社会，不论你是否愿意，你实际上都处于激烈的竞争之中。如缺乏竞争意识或不愿投入竞争，就会被无情的竞争大潮所吞没。

要树立战胜高手又不怕败于高手的心理。宁可100次败在高水平的人面前，也不去花费时间100次地战胜能力平平的人。

竞争是推动人们去重视人才、开发人才、培养人才的火车头。正当的竞争是促进人才成长和事业发展的重要因素。人才竞争是社会竞争的核心,竞争能刺激社会对人才的需求,这种社会需求,是人才辈出的强大驱动力。竞争也能使人转变价值观念,使其充分展示才华。竞争中所产生的压力,能在奋斗者身上转化为进取的动力。竞争也是使人提高目标期望、培养创新意识、激发创造力的熔炉,是催促我们拼搏向上的长鞭。

从宏观上看,竞争能优化人才资源的配置,能优化人才的结构和素质。同时,竞争也是发掘人才和选拔人才的良好途径。

既然竞争是人才成长的良好动因,那么,成才者就要努力营造竞争环境,并适应这种你追我赶、不甘落后、奋勇争先的气氛。在欧洲,曾流传着两句格言:"当你走入失败者之群的时候,你会发现,他们之所以失败,都是因为他们从来不曾走进鼓励人前进的环境。""一个人要善于从迟疑、消极、烦闷中走出来,并进入激励奋发者的环境,因为这种环境是无价之宝。"在竞争的环境中,要效法先行者,必须奋起直追,为了使自己不被淘汰,就要奋斗不已。这样,才能激发并保持争先创优的强者心理。而一旦离开竞争的环境,就容易使人安于现状,不思进取,最终为社会所淘汰。

竞争使你无法平庸,无法松懈,无法抑制自己夺魁的欲望,除非你自甘销声匿迹。

积极参与竞争,并在竞争中锻造才气和智慧,这才是我们的正确选择。

自身的分量取决于自己

著名作家杏林子的《现代寓言》里有这样一个故事。说有一只兔子长了三只耳朵，因而备受同伴的嘲讽，大家都说它是怪物，不肯跟它玩。为此，三耳兔很是悲伤，时常暗自哭泣。

有一天，它终于下定决心，把那一只多出来的耳朵忍痛割掉了，于是，它就和大家一模一样，也不再遭受排挤，它感到快乐极了。

时隔不久，它因为游玩而进入另一片森林。天啊！那里的兔子竟然全部都是三只耳朵，跟它以前一样！但由于它已少了一只耳朵，所以这里的兔子都嫌弃它，不理它，它只好悻悻地离开了。从此，它领悟到一个真理：不相信、不看重自己，只会让人看不起你，因为别人总是通过你的眼光来看你的。

这个寓言提醒了人们，要想别人尊重你，首先就要尊重自己。

思路突破 自重方能赢得他人尊重

人需要彼此尊重，在比自己强的人面前，不要畏缩；在比自己弱的人面前，不要骄纵。学问有深浅，地位有高低，但所有的人，人格都是平等的。

世界名著《简·爱》中的男主人公罗彻斯特身为庄园主，财大气粗，对女主人公说过："我有权蔑视你！"他自以为在地位低下又其貌不扬的简·爱面前，有一种很"自然"的优越感。但有坚强个性又渴望平等的简·爱，坚决地维护了自己的尊严，寸步

不让，反唇相讥："你以为我穷、不好看就没有自尊吗？不！我们在精神上是平等的！正像你和我最终将通过坟墓平等地站在上帝面前一样。"这番话强烈地震撼了罗彻斯特，使他对简·爱产生了由衷的敬佩。

心理学研究表明，希望自己受人尊重、爱好荣誉是每个人的高级心理需求，是无可厚非的。虽然想受人尊重要经过别人的权衡，但实际上却取决于每个人自尊的程度。

有一则寓言很有意思：

有一天，龙王与青蛙在海滨相遇，打过招呼后，青蛙问龙王："大王，你的住处是什么样的？"龙王说："珍珠砌筑的宫殿，贝壳筑成的阙楼；屋檐华丽而有气派，厅柱坚实而又漂亮。"龙王说完，问青蛙："你呢？你的住处如何？"青蛙说："我的住处绿藓似毡，娇草如茵，清泉汩汩，白石映天。"说完，青蛙又向龙王提出了一个问题："大王，你高兴时如何？发怒时又怎样？"龙王说："我若高兴，就普降甘露，让大地滋润，使五谷丰登；若发怒，则先吹风暴，继而打闪放电，让千里以内寸草不留。那么，你呢？"青蛙说："我高兴时，就面对清风朗月，呱呱叫上一通；发怒时，先瞪眼睛，再鼓肚皮，最后气消肚瘪，万事了结。"

青蛙在龙王面前，充分表现了自信，龙宫固然美丽，可我青蛙的居所也别具一格，可谓不卑不亢。只有心灵健全的人，才能真正地做到这一点。

第六章

你这么可爱，可惜不会谈恋爱

抓不住爱情

生活中，我们有时反应迟钝，对微妙的情愫不敏感，常常与爱情擦肩而过。

由于复杂的心理、生理和社会的各种因素，各人有不同的性格、感情表达方式。对种种"爱的信息"的选择、捕捉、识别十分困难和复杂，但爱情确实是可以感知的，并且多半是靠直觉。

眼睛是心灵的窗户。恋爱中的姑娘与小伙子是没有秘密的，他们眼中那奇异而多彩的光芒是会泄露一切的。人们都有这种感觉，恋爱中的女子，即使相貌平平，在那段时间，都变得眼波流转、光彩照人，爱情就是具有这般魔力。当意中人出现的时候，她的目光总是不由自主地被吸引过去，她既渴望他发现她的凝视，又怕与他目光相接。在集会的场合，她的目光从人头攒动的缝隙处凝视他；在工作间隙，她的眼光总是追随着他。如果总有一双灵动的眼睛在注视你，你可别装作没发现，这是她自己都未必意识到的爱的信息。

在她对你产生爱慕之心后，总希望自己的言谈举止能引起你的注意，总是千方百计地寻找接近你的机会，总会想方设法地了解你的事情。她是否经常与你不期而遇，与你谈天说地或只是默默地陪伴你走一段路程？她是不是常常问起你的家庭情况，让你讲述你的过去，描绘未来的蓝图？她的兴趣爱好是不是忽然发生很大改变，以你的兴趣为兴趣，主动"补课"？她是不是常向你谈起自己的童年，给你看儿时的照片，讲从前的朋友，告诉你自己家里的情况？她是不是对你格外关心，总是悄悄地给你出人意料的帮助？如果是，那就说明她已经钟情于你了。

被异性爱慕的信息是千变万化的，不能只根据一两种现象就做出判定并采取行动，应该尽可能地用更多的异常现象互相印证。如果一时拿不准，可以有意识地做一些试探性的举动，不要急于表白。

需要注意的是，当你自己爱上某人时，常常对别人的言行过于敏感，错以为别人对自己有"意思"，其实根本没这回事。这时的你，只是在单相思罢了。

思路突破 求爱有方

"关关雎鸠，在河之洲；窈窕淑女，君子好逑。"两性相悦，

关关雎鸠，在河之洲；
窈窕淑女，君子好逑。

如此优雅，唯有人类。无论人或动物，有一点是相通的，即通常情况下，动物的求欢，总是雄性处在主动状态，雌性处在被动状态。当然也有例外，但是绝少发生。这是造物主的安排。

求爱必须有所恃，怡人的仪表、雅致的风度、丰厚的财富，这些自然是求爱成功的先决条件。但具备这些条件不等于求爱就一定成功，不具备这些条件，也不等于不能求爱。在相应的文化、年龄、社会地位的男女之间，男子向女子展开求爱攻势，技巧有着十分重要的作用，技巧才是求爱成功的充要条件。

如果喜欢一个女孩子，要放下面子，勇敢地表白，理直气壮地说你爱她。

"只要功夫深，铁杵磨成针。"试把你喜欢的女人当成终将被你攻克的堡垒，任劳任怨，不求回报。女人的心肠总是软的，一天不行一个月，一个月不行一年，功到自然成。

要学会察言观色，说她想听的，给她想要的。打喷嚏的时候给她递手帕，笑的时候陪她笑，哭的时候为她擦眼泪。

慢慢地，女孩就会被你的真诚所打动，从而对你敞开爱的怀抱。

爱在细小处失去

如果缺乏细心，在家庭生活中常会忽视一些细节，爱就会在这些细节处失去。

芝加哥的约瑟夫·沙巴斯法官曾处理过4万件婚姻冲突的案

子，并使2000对夫妇和好。他说："大部分的夫妇不和，并不是很重要的事引起的，大都是一些细微的事情没有处理好。因此，当丈夫离家上班的时候，太太向他挥手道别，可能就会使许多夫妇免于离婚。"

劳勃·布朗宁和伊丽莎白·巴瑞特·布朗宁的婚姻，是非常美妙的。劳勃·布朗宁永远不会忙得忘记适时地赞美和照顾太太，以此来增加爱情的深度。他如此体贴地照顾他残废的太太，以至于有一次她在给姐妹们的信中这样写着："现在我自然地开始觉得我或许真的是一位天使。"

太多的男人低估了在这些平常而细微的事情上表示体贴的重要性。正如盖诺·麦道斯在《评论画报》中的一篇文章所说的："美国家庭真需要弄一些新噱头。例如，在床上吃早饭，其实是大多数女人喜欢放纵一下的事情。在床上吃早饭，对于女人，就像私人俱乐部对于男人一样，会收到奇特的效果。"

人们一生的婚姻史就像串在一起的念珠。忽视婚姻中所发生的小事，夫妇之间就会不和。艾德娜·圣·文生·米蕾在她一首小小的押韵诗中说得好：并不是失去的爱破坏我美好的时光，但爱的失去，都是在小小的地方。

在雷诺有好几个法院，每周有6天为人办理结婚和离婚，而每有10对来结婚，就有一对来离婚。这些婚姻的破灭，究竟有多少是由于真正的悲剧引起的呢？其实少之又少。假如你能够从早到晚坐在那里，听听那些不快乐的丈夫和妻子所说的话，你就会知道爱的失去，全都是一些细节问题所造成的。

如果你想维护幸福快乐的家庭生活，就要注意一些细节问题，而且要花点心思来对待自己的家庭生活。

思路突破 细节决定爱情成败

如果有人发现某个女人身上的微小变化，她会有一种被认同的满足感。

几乎所有的姑娘，多多少少会对男友表示过不满。其中最常见的是，当她从美发厅出来，梳着一个新发型，或新买了一件漂亮的衣服，兴致勃勃地等待男友赞美的时候，她的男友却好像视而不见。

"喂，你到底发现没有，我是不是哪里跟以前不大一样了？"即使她这样问，他也还像是没有察觉到的样子："哦，是吗？"再不然就是："你的意思是说，你的发式变了，是吗？"或者："哦，好像你的衣服有点变化，对不对？"

像这样的回答，往往使她大为扫兴，甚至使双方都不

愉快。如果女友今天的发型或服饰突然有了变化，作为她的男友，起码也应该主动问一句："今天你去过美发厅了？"或是："你穿的这件衣服是刚买的吗？"

只要你有意无意地问一声，她就会感到满意，不会因为你无动于衷而独自生闷气了。

如果你是细心的男人，能够做出这些琐碎的事情，也许会给自己带来有益于恋情的好运。

自作聪明，反为所累

有一位男性初恋时，在对方写给他的情书上胡乱批改，以至于挑出了十来个错别字。非但如此，他还将被自己批改过的情书和回信一同寄给对方。谁知这信寄出以后，就好像石沉大海，再也没有姑娘的消息了。

原因是什么呢？姑娘早就讨厌了："好像就你是大学问家，就你的知识渊博，写个错别字还需要你正儿八经地写信来指教。"姑娘的自尊心受到伤害，你为什么不知道她的内心世界呢？姑娘的脸面你怎么也毫不顾及呢？一般来说，女性对于自己未去过的地方，总是有一种想去探求的好奇，并希望有个"知情人"当向导。否则，她们会感到茫然无措。

因此，当你和你的女友同行时，切不要自作聪明地瞎冲乱撞，而应该选择自己熟悉的地方，避免出现迷路而又不知所措的场面。

牢骚没有好处

现在很多年轻人，遇到自己不满的事总是很明确地表现出来。而在社会中，经常心怀不满而怨天尤人的人是很不受欢迎的。因为人们把这种人看成是"一天到晚只会发牢骚的讨厌鬼"。

但是对女性来说，她并不认为自己是有怨气而不受欢迎的人。然而"有诸内必形诸外"，无论她怎样掩饰，终究要表现出她的不满和抱怨。这时，你责备她，必然会引起她的反感。

因此，即使你要反驳她，也应该采取"先顺后逆"的说话方式，即首先赞同她的观点，与她站立在同一立场上，然后再用"但是""不过"等词来一个转变，向她陈述你不同的意见。

要博得女性芳心，首先要避免她以任何方式拒绝你的追求。因此，在谈话时必须十分小心，要注意谈话方式。

不会说"甜言蜜语"

不论是一见钟情的少男少女，还是同舟共济几十年的老夫老妻，绵绵情话总是说了又说，讲了又讲。每每听到爱人说"我爱你"，总是能激起万般柔情、千种蜜意。恋爱总离不开交谈，这似乎是经验之谈，对初次相见的男女来说尤其如此。

艾莉结婚刚进入第三个年头，就和丈夫分居了。她对律师说："他一定是有问题。每天回家很少和我说话，吃完饭就躺到沙发上看电视，再也不起来，一直到深夜。看完最后一个电视节目，就爬上床，也不问我是否劳累、是否有兴趣，就要求做爱，一句多情的话也没有，实在让人难以忍受。"

艾莉需要的并非什么奢侈品，只是丈夫那柔情蜜意的私语。

美国加州医学院精神与心理临床研究专家巴巴克说："对许多妇女来说，恋爱与感受到爱远比做爱重要。尤其对那些忙于家务、整天带孩子的妇女来说，更是如此。那种巧妙的、带刺激性的私语往往使她们获得真正的快慰。"

42岁的卡克与达娜已结婚8年，他记得曾一度羞怯于向妻子倾吐自己满腔的爱。"有一天晚上，我深吸了一口气后，滔滔不绝地向她倾诉了对她的柔情，对她的爱恋。我告诉她：对我而言，你是世界上最不平常的女子。我这番热情洋溢的话使她万分激动，连我自己也感动不已。现在，我一有机会便向她诉衷肠，而我每次都觉得感情比以前更为炽烈。"

可是，应该说什么呢？怎样说才能使说的人不至于做作，听的人不觉得肉麻呢？卡耐基建议说："当你感到一股穿堂风吹过或觉得闷热时，你说些什么呢？你会脱口而出：'真凉快！'或是：'真热！'无须多想，也用不着长篇大论，爱的语言就是这样。如果你正和爱人待在一间屋里，你觉得能和她在一起真高兴，那你就对她说：'和你在一起我真高兴。'"

 甜言蜜语妙处多

恋爱中的男女相处的时候，有时甜言蜜语非常受用，尤其是

爱情已到了接近谈婚论嫁的阶段，你不妨大胆些，在言语间多放点"蜜"。

女人有爱听温柔、甜蜜语言的天性，沐浴在爱河中的人的字典里，是没有老套的字眼的。任何海誓山盟，"爱你爱到骨头里"的话也可说，不必怕肉麻。

与她久别重逢时你可以讲："好像在做梦，多么希望永远不要醒来。"

你以充满爱意的眼神望着你的心上人："总是惦念着你！我的感觉，好像一直跟你在一起。"这是"无法忘怀、时时忆起"的心境，只要谈过恋爱的男女，一定有此经验。相爱之初，热烈的甜言蜜语绝对不会使人感到厌烦，也许还认为不够呢！

"你喜欢我吗？"你不妨大胆地问。

"说说看，喜欢到什么程度？"或用这样的语气追问。

有很多女性使用"我爱你"这样甜蜜的词句来表达爱意。像这样的言语接二连三地向男性表示"永远不变的纯真爱情"，女性便会沉浸在自我陶醉之中。而男性的反应也会是积极的。

当然，在爱情上"我爱你"的言辞用得过多，未免有庸俗之感，倘若换用"我需要你"，就显得有实际的感觉。"需要"与"爱"所表现的感受，对男性而言，似乎前者胜于后者。男性在社会活动中，喜欢被人发现自己的价值。

恰当地运用甜言蜜语，可以使两人之间的爱情温度逐渐升高。然而这样的话只能用两人听得到的声音互相呼应，如果在许多朋友面前得意地大声说出来，周围的人会觉得你们故意秀恩爱。

"怎么了？愁眉苦脸的熊猫，明天工作一定会顺利进行，振作吧！"你选用这样开朗的呼唤与安慰，这时他会回答："我是愁眉苦脸的熊猫，那么你是花蝴蝶？"

甜蜜的称呼也会使两人心心相印。他的心情会逐渐变好，感觉到你赐予的爱情的温暖。

第七章

天下没有陌生人：好人缘是你最大的存折

不敢和陌生人说话

有些人往往害怕见陌生人，例如：在聚会上，他们想不到什么风趣或是言之有物的话说；在求职面试中他们拼命想给人好印象……事实上，无论何时何地，我们遇上陌生的人，心里都会七上八下，不知该怎样打开话匣子。

然而，你应该知道，懂得怎样毫无拘束地与人结识，能使我们扩大朋友的圈子，使生活丰富起来。

多年来，美国著名记者阿迪斯以记者身份往返世界各地，他和陌生人的谈话有许多令他毕生难忘。他说："这就好像你不停地打开一些礼物盒，事前却完全不知道里面有什么。老实说，陌生人的引人入胜之处，就在于我们对他们一无所知。"

阿迪斯说："跟我谈过话的陌生人，几乎每一个都使我获益匪浅。"在公园里遇到的一个园丁告诉阿迪斯关于植物生长的知识比他从任何地方学到的都多。埃及帝王谷一个计程车司机请阿迪斯到他没铺地板的家里吃茶，让他认识到一种与自己迥然不同的生活方式。在挪威奥斯陆，一个曾经参加过大战的人带阿迪斯到海边一个荒凉的高原，他告诉阿迪斯战争是让人痛心的，这片高原就是曾经的战场。

我们过去从来没有见过的人，能帮助我们认识自己。因为我们可能对一个陌生人说出我们时常想说但不敢向亲友说的心里话，他们因此便成了我们认识自己的一面新镜子。如果运气好，和陌生人的偶遇还会发展成为终身不渝的友谊。阿迪斯说："世界上没有陌生人，只有还未认识的朋友。"

下次遇到陌生人时，该怎样与之交往呢？这无疑成了一个要面对的问题。

和陌生人一见如故的技巧

在与陌生人接触的过程中，人们常常希望尽可能地拉近彼此的距离。这个时候，如果能给对方造成"一见如故"的感觉，很多问题就会迎刃而解。要想做到这一点，我们应该注意以下几点技巧：

★了解对方

当一个人特意要去结识一个从未打过交道的陌生人时，也应该把这一过程当成一次不可忽视的挑战，事先做充分的准备。一方面，可以通过多种渠道了解对方的背景、经历、性格、喜恶；另一方面，在对对方基本情况有所了解的前提下，设想可能出现的问题，做好以不变应万变的心理准备。然后，在交往中针对对方的特点有的放矢，令其大有"相见恨晚"之感，从而成功赢得对方信任。

★寻求共同点

所谓"酒逢知己千杯少"，两个意气相投的人在一起总觉得有说不完的话。因此，我们在和陌生人交往时，不妨多多寻求彼此在兴趣、性格、阅历等方面的共同之处，使双方在交谈的过程中，获得更多关于对方的信息，迅速拉近距离，增进感情。

★谈谈周围的环境

阿迪斯有一次坐火车，身边坐了一位沉默寡言的女士，一连几个小时他千方百计引她说话都未成功。等到还有半个小时就要分手时，他们经过一个小海湾，大家都看到远处岬角上一座独立无依的房屋。她凝视着房子，一直到看不到它为止。然后她突然说道："我小时候就生活在这种杳无人迹的地方，住在一座灯塔里。"接着她讲述了那种生活的荒凉与美丽。

★以对方为话题

有一次，阿迪斯听见一位太太对一个陌生的女士说："你长得真好看。"也许，我们大多数人都没有说这种话的勇气，不过我们可以说："我远远就看见你进来，我想……"或是："你正在看的那本书正是我最喜欢的。"

★提出问题

许多难忘的谈话都是从一个问题开始的。阿迪斯常常问别人："你每天的工作情况怎样？"通常人们都会热心回答。

一定要避免令人扫兴的话题。可能没有人愿意听你高谈阔论诸如孩子、自己的健康，以及家庭纠纷之类的事。所以，在谈话中最好不要谈及这些问题。

丘吉尔就认为有关孩子的话题是不宜老挂在嘴边的。有一次，一位大使对他说："温斯顿·丘吉尔爵士，你知道吗？我还一次都没跟您说起我的孙子呢。"丘吉尔拍了拍他的肩膀说："我知道，亲爱的伙伴，为此我实在是非常感谢！"

★表示信任

两个陌生人之间总会因为素昧平生、互不了解而产生一层隔膜，并且时常由于两人的矜持和互不信任而造成交流失败。所以，

我们不妨主动一点，率先冲破这一层障碍，把对方当成熟悉的朋友，采取恰当的方式向其坦率地吐露心声，用真诚和信任叩开对方的心扉。

闻一多是一个平易近人、深受人们爱戴的学者，他朴实无华的言谈往往会深深地打动听众的心，请看下面这段演讲："今天承诸位光临，得到同诸位见面的机会，感激之余，就让我们趁此正式地、公开地向诸位伸出我们这只手吧！请诸位认清，这是'无缚鸡之力'的书生的手，不可能也不愿意威逼人，因此也不受威逼。这只'空空如也'的穷措的手，不可能也不愿意去利诱人，因此也不受人利诱，你尽可瞧不起它，但是不要怕它，其实有什么可怕呢？不信，你闻闻，这上面可有血腥味儿？这只拿了一辈子粉笔的手，是随时可以张开给你们看的。你瞧，这雪白的一把粉笔灰，正是它的象征色。我再说一句，不要怕，这是一只洁白的手啊！然而也不可以太小看它。更有许许多多这样的手和无数的拿锄头的手、开机器的手、打算盘的手、拉洋车的手，乃至缝衣、煮饭、扫地、擦桌子的手——团结捏在一起，到那时你自然会惊讶这些手的神通，因为它们终于扭转了历史，创造了奇迹。我们现在是用最诚恳的心，向大家伸出这双洁白干净的手。希望大家同我们合作，并且给我们指教！"

★以谦虚赢得好感

谦虚是一种美德，谦虚者常常给人留下有礼貌、有素养、有深度的印象。面对陌生人时，飞扬跋扈只会让人退避三舍，而谦逊得体的言谈举止能够充分体现自己的涵养和平易近人的性格，为对方带来亲切随和的感受，消除其胆怯、羞涩的心理。

解放战争时期，有一次刘少奇同志为华北记者团的同志做了一次工作报告，报告的开始是这么说的："很久以前，就想和你们做新闻工作的同志谈一次话，我过去只和新华社的同志谈过，和多数同志没谈过。谈到办报，我是外行，没办过报，没写过通讯，只是看过报。因此，你们工作的甘苦我了解得不真切。但是，作为一个读者，我可以向你们提点要求。你们写东西是为了给人家看的，你们是为读者服务的。看报的人说好，你们的工作就是做好了。看报的人从你们那得到材料，得到经验，得到教训，得到指导，你们的工作就是做好了……"刘少奇的讲话给在场的同志留下了深刻的印象。

礼轻情意重

有人说，日本产品之所以能成功地打入美国市场，其秘密武器之一就是小礼物。换句话说，小礼物在商务交际中起到了不可估量的作用。

当然，这话也许有点言过其实。但是日本人做生意，确实是想得很周到的。特别是在商务交际中，小礼品是必备的，而且根据不同人的喜好，设计得非常精巧，可谓人见人爱，很容易让人爱礼及人。

小礼物起到了非同小可的作用，而精明的日本人此举之所以

成功，在于他们摸透了外国商人的心理，又运用了自己的策略。一是他们了解了外国人的喜好而投其所好，以取得别人的好感；二是他们准备了令人可以接受的礼品；三是他们又很执着于本国的文化和礼节。

礼物是一种友情的表示，中国早就有"投之以桃，报之以李"的习俗。出远门旅游捎回一点当地特产，或个人喜庆赠送一点敬贺礼品，表达彼此间的一番情谊是有必要的，这是一种诚挚的感情交流，是发自内心的赠予，是感情的物化。

送礼作为一种文化现象，自有其特定的规律，不能盲目去做，随心所欲。它反映出送礼者的文化修养、交际水平、艺术气质以及对受礼人的了解程度和关系远近。在一定意义上讲，送礼是一门特殊的交际艺术。

思路突破 把握送礼的3个准则

送礼须懂得规矩，送礼应遵循一定的准则，这样才能起到应有的作用。在生活中，送礼的准则主要有：

★轻重得当

一般而言，礼物的轻重选择以对方能够愉快地接受为原则。

礼物不能太轻，礼物太轻了意义不大，亲朋好友有可能误认为你小气或瞧不起他。

但是，礼物也忌太贵重，除非对方是爱占便宜的人，一般人可能会婉言谢绝。

礼物轻重得当也是一种艺术。

★风俗禁忌

送礼前要对受礼人的身份、爱好、禁忌等有所了解，以免礼不得当，使双方感到尴尬。例如，对方结婚，忌送"钟"，因为"钟"与"终"谐音，"送终"总归是不吉利的。此外，要尊重对方的民族习惯。

因此，送礼时，请考虑周全。

★注重意义

就礼物本身而言，其价值不在于花费金钱的多少，而在于它所体现的意义。任何礼物都体现送礼者特有的心意，或酬谢，或敬贺，或爱恋等。所以，根据你想表达的心意选择你的礼品，会让对方充分体会到你的情义，从而备感珍惜。

比如，给母亲买一件暖和的羊毛衫，她会夸你孝顺；给心上人送一串别致的手链，他（她）会认为你有品味……这样符合对方兴趣爱好、富有意义的礼品，更能打动对方的心。

尊重他人的隐私

罗曼·罗兰说："每个人的心底，都有一座埋葬记忆的小岛，永不向人打开。"马克·吐温也说过："每个人像一轮明月，他呈现光明的一面，但另有黑暗的一面从来不给别人看到。"这座埋葬记忆的小岛就是隐私世界。有的人在交朋友时，随便侵入朋友的隐私地带。他们认为，朋友之间，应该推心置腹，坦诚相待，不存在什么隐私不隐私的。抱有这种观点并侵入朋友隐私世界的人，不但不可能交到朋友，而且会伤害到别人。不错，朋友之间是应该坦诚相待，推心置腹，但在隐私问题上，要区别对待。如果要交朋友，就不要侵入朋友的隐私世界。

在隐私世界中，一般总是有些令人不快、痛苦、羞愧的事情，比如恋爱的破裂、夫妻的纠纷、事业的失败、生活的挫折、成长中的过失、感情上的纠葛……你的朋友，不论与你如何亲密无间，不分你我，都有权利把隐私藏起来，不向你透露。如果你尊重朋友，就要避免打听朋友的隐私。这不是冷漠，而是善解人意的体现。

如果你无意中知道了朋友的隐私，最好把它从记忆中抹掉，至少也要把好嘴巴这道关，守口如瓶，不能泄露出来，要注意避免谈论朋友的隐私。

思路突破 尊重是维系友谊的灵魂

如果说真诚是维系友谊的基础的话，尊重便是维系友谊的灵魂。

卢梭说："如果说爱情使人忧心不安的话，则尊重是令人信任的；一个诚实的人是不会单单爱而不敬的，因为，我们之所以爱一个人，是因为我们认为那个人具有我们所尊重的品质。"

别林斯基说过："自尊心是一个人灵魂中的伟大杠杆。"人人都有自尊欲望，即便是奴隶——只不过他们的自尊欲被奴隶主压抑了。

自重是自尊的前提，正如巴尔扎克所说的那样："谁自重，谁也会得到尊重。"所谓自重，即心理上的自我约束和行为上的合理规范。这里包含一个"度"的概念。任何心理行为都不可超过一定的"度"，比如谦逊，过度了就是自卑，人一自卑，便不自重了。再如自信，过度了是骄傲，人一骄傲，也有失自重。满

洒过度显得浪荡，而检点过分便显得呆板。浪荡与呆板，都是行为上的不自重。

仅仅自尊是不够的，还要尊重你身边的每一个人，尤其是你的朋友。

据说，美国人交朋友的第一条准则是"为对方保密"，不管这算不算第一准则，但从保持友情来说，这确实是一个重要的准则。特别是知心朋友，由于无所不谈，连自己的隐私也可能让你知道了，你如果张扬出去，就等于不尊重朋友。当朋友把自己的"隐私"告诉你时，即使没有叫你保密，也表明了他对你的极度信任。对此你只有为他分忧解愁的义务，而没有把其隐私张扬出去的权利。如果张扬出去，势必会失去朋友的信任，想换取别人的尊重就更不可能了。

因此，学会尊重人，实在是很重要的，只有尊重别人，自己才会被尊重。很难想象一个随意打听别人隐私、传播别人隐私的人会拥有知己。

有色眼镜害人害己

生活就像一面镜子，你对它哭，它就会对你哭；你对它笑，它也会对你笑。如果你容易讨厌别人，这跟你的思想观念和行为方式有很大关系。

道德是我们社会和人生中不可或缺的组成部分，但仅仅是其中一部分而已，而有的人的问题就在于把道德看作社会和人生的

有色眼镜害人害己。

全部。他们总是戴着道德的有色眼镜去看人看事，而现实中的人又总是不免有这样那样的缺点。于是他们就觉得接受不了，觉得别人都太庸俗、太势利，心中产生排斥情绪。事实上，在潜意识中，他们是把自己看成道德的化身了。这样一来，凡是自己看不上、合不来的人就被打上不道德的烙印，极端的道德感会使人变得褊狭和冷酷，这种心态转化为行动，就会使人开始厌恶别人，离群索居，不愿与人交往。

思路突破 拥有好人缘的奥秘

好人缘，是人际关系的润滑剂，也是为人处世的支撑点。没有好人缘寸步难行，有了好人缘走遍天下。人缘的好坏，对一个人的事业和生活有重要的影响。那么，怎样才能有好人缘呢？

★微笑

微笑是人际交往中最简单、最积极、最易被人接受的一种方法。微笑代表友善、亲切和关怀，是社交中最一般的礼貌和最基本的修养。微笑不用花费什么力气，却能使他人感到舒服。在与他人的交往中，微笑是热情友好的表示，是一股温暖的春风。在才能和智慧不相上下的人群中，谁拥有更多的微笑，成功便在更大的程度上属于谁。笑口常开是社交艺术的真谛。世界著名的希尔顿饭店的创办人康拉德·希尔顿说："如果我的旅馆只有一流的设备，而没有一流的微笑服务的话，那就像一家永不见温暖阳光的旅馆。"从这个意义上说，微笑是一种无价之宝，没有微笑就没有财富。用微笑来服务，用微笑来处世，世界将变得更温暖，事业将变得更顺利，生活将变得更如意。

★称赞

对别人真诚的称赞，既是一种鼓励和肯定，又是一种信任和友好的表示。这样做也最容易赢得友谊，与人交往，请不要吝惜称赞之词，这样做，不仅能给被称赞的对象以鼓舞和鞭策，还将给你带来积极的人际效应。

★厚道

在处理人际关系时，不能待人刻薄，使坏心眼。别人有了成绩，不能眼红，更不能嫉妒；别人出了问题，不能幸灾乐祸，落井下石，更不能给别人"穿小鞋"。唐代《国史补》中记载了一个"呷酒节帅"的故事：一名叫任迪简的判官，一次赴宴迟到，按规矩该罚酒。倒酒的侍卫一时疏忽，错把醋壶当酒壶，给任判官斟了满满一盅醋，任判官一喝，酸不可支。他知道军吏李景治军极严，若讲出来，侍卫必有杀身之祸，于是咬紧牙关一饮而尽，结果"吐血而归"。事情传出，"军中闻者皆感泣"。这种为人厚道的品格，为人们所称道。

第八章

做事先做人：没有做不好的事，只有没做好的人

聪明和糊涂只差一步

"难得糊涂"是糊涂学集大成者郑板桥先生的至理名言，他将此体系阐述为："聪明难，糊涂亦难，由聪明转入糊涂更难。放一着，退一步，当下心安，非图后来福报也。"做人过于聪明，无非想占点小便宜；遇事装糊涂，只不过吃点小亏。但"吃亏是福不是祸"，往往有意想不到的收获。"饶人不是痴，过后得便宜"，歪打正着，"吃小亏占大便宜"。有些人只想处处占便宜，不肯吃一点亏，总是斤斤计较，到最后"机关算尽太聪明，反误了卿卿性命"。郑板桥说过："试看世间会打算的，何曾打算得别人一点，真是算尽自家耳!"世上有些人，他们往往自我感觉良好，正是古人所谓"贼是小人，智是君子"之人，他们最大的敌人即是他们自身。为人处世与其聪明狡诈，倒不如糊里

糊涂却敦厚。

郑板桥以个性"落拓不羁"闻于史，心地却十分善良。他曾给其堂弟写过一封信，信中说："愚兄平生漫骂无礼，然人有一才一技之长，一行一言为美，未尝不啧啧称道。囊中数千金，随手散尽，爱人故也。"以仁者爱人之心处世，必不肯事事与人过于认真，因而"难得糊涂"确实是郑板桥襟怀坦荡的真实写照，他并非一般人所理解的那种毫无原则、稀里糊涂之人。糊涂难，难在人私心太重，眼里只有名利，不免斤斤计较。《列子》中有齐人攫金的故事，齐人被抓住时官吏问他："市场上这么多人，你怎敢抢金子？"齐人坦言道："拿金子时，看不见人，只看见金子。"可见，人性确有这种弱点，一旦迷恋私利，心中便别无他物，用现代人的话说：掉进钱眼里去了！

思路突破 难得糊涂是大聪明

聪明有大聪明与小聪明之分，糊涂亦有真糊涂与假糊涂之别。北宋人吕端，官至宰相，是三朝元老，他平时不拘小节，不计小过，仿佛很糊涂，但处理起朝政来机敏过人，毫不含糊。宋太宗称他是"小事糊涂，大事不糊涂"。有一种人恰恰相反，只要是便宜就想占，只要是好处就想贪，这种人看似聪明，其实再糊涂不过。

人毕竟没有三头六臂，当你事事比别人聪明时总会引起别人的反感和嫉妒，给自己带来不必要的麻烦。真正聪明的人、正直的人不会在一些小事上锱铢必较，此时"糊涂"一下又何妨？所以，在办事时，千万不要在小事上纠缠不休，搞得自己精疲力竭，心绪不宁，而到了大事面前，却又真的糊涂了。

在瞬息万变的现代社会中，与人打交道时，倒不如多一点"糊涂"，少一点执拗，这何尝不是一种开朗、超脱的境界呢？

做事不分轻重缓急

有的人在处理日常生活的琐事时，的确分不清哪个更重要、哪个更紧急。他们以为每个都是一样的，只要时间被忙忙碌碌地打发掉，他们就高兴。

很多人是根据事情的紧迫感，而不是事情的优先程度来安排先后顺序的。

把一天的时间安排好，这对于成就大事是很关键的。

行动没有章法，眉毛胡子一把抓，不能分清轻重，这样不会一步一步地把事情做得有节奏、有条理，反而会导致很坏的结果。

在紧急但不重要的事情和重要但不紧急的事情之间，你首先去办哪一个？面对这个问题你或许会很为难。

在现实生活中，有些人就是这样，正如法国哲学家布莱斯·巴斯卡所说："把什么放在第一位，是人们最难懂得的。"对他们来说，这句话不幸言中，他们完全不知道做事应分轻重缓急，他们以为只要做事就行，其实大谬不然。

思路突破 把握帕累托法则

帕累托法则又称作"80/20定律"。其内容是"一个团体中比较重要的项目，大多由团体中的少数所构成"。譬如，占全部人口20%以下的人所创造的财富，约占全部人口所创财富的80%；占全公司人数20%以下的业务员所完成的业绩，约占全公司业绩的80%；占开会人数20%以下的人员所提的建议，约占全部发言的80%。

也就是说，重要的东西大都集中在较小的部分，其比例为80：20。如果在工作的时候，能够集中精力于重要的20%，就等于完成了80%。也就是说，工作量不见得一定要做到80%，只要能掌握住重要的20%，就一切OK了。无论工作或是读书，想要把该做的全部做完，总是不太可能的，一个人做事免不了会受到时间、空间的限制。因此，如果不先把重要的部分掌握住，到最后可能就没时间，也没机会了。如果抱着凡事完美的态度，到头来往往是事事落空。

如果能把握这条80/20定律，就不用担心事情太多了。尽量分出事情的轻重缓急，然后全力完成重要的部分就可以了。没有必要一个也不放过，即使留下一些事情没做，也不会有什么大问题。做事应该着眼于大处。所以，这条定律不只适用于学生、上班族，对于所有的人都是很有用的。

虽然生意兴隆是件好事，但如果电话太多，光是接电话就让

人受不了，因为接电话的时候，什么事也不能做，时间就白白浪费了。不过，幸好这种电话问题，也能用帕累托法测解决。

假设一天接到100个电话，然而，这100个电话不可能是100个人分别打的，根据帕累托法则，有20％的人打了好几次，约占全部电话的80％。

所以，只要处理这较常打来的20％的电话就可以了，而事实也的确如此。

方法成就事业

聪明的方法是成就事业不可或缺的条件。

在一次数学课上，老师给大家出了这样一道数学题：将1～100之间的所有自然数相加，和是多少？老师承诺，谁做完这道题谁就可以放学回家。

为了能尽快回家享受自由快乐的美好时光，同学们都努力地算了起来，有的人甚至额头上都渗出了汗。只有小高斯一人静静地坐在自己的座位上。他一只手撑着下巴，一只手在无意识地摆弄着手中的铅笔，他在寻找一种可以快速解答这个问题的办法。

过了一会儿，小高斯举手交答案了。

"老师，这道题的答案是5050。"小高斯很自信地说。

"你可以给出你的方法吗？别人可连一半都没有加完啊！"老师略带吃惊地问。

"当然。你看，99+1=100，98+2=100……依此类推，到49+51=100，50+50=100时，我们恰好得到了50个100是5000，然后再加上单个的100是5100，但这里的50加了两次，所以要减去，最后结果就是5050了。"

　　老师对小高斯的解答十分满意，并确信他将来一定会有所作为。后来高斯真的成了世界知名的数学家。

　　小高斯的故事告诉我们，做任何事情，既要勤奋刻苦又要开动脑筋，这往往会达到事半功倍的效果。然而，有些人做事时却不喜欢思考，也不讲究做事的方法。他们干什么事都是急匆匆的，常常因为缺乏方法而出现差错。"凡事三思而后行"，在充分思考的基础上，找到最佳的方法，方能事半功倍。

思路突破 进行充分的思考

　　世上流传着一句十分有名的谚语，叫作"Use your head（开动你的脑筋）"。许多有名的智者一生都在遵循这句话，为人类解决了很多原本被认为根本解决不了的问题。

　　在现代社会里，每个人都在想办法解决生活中的问题，而最终的强者就是运用办法最得当的那部分人。

　　世界著名电脑公司IBM的前任总裁沃森就是一个特别注重办事方法的人，而且十分舍得花费时间和金钱来培训员工们这方面的能力。他曾对外界信誓旦旦地说："IBM每年员工教育培训费的增长，必须超过公司营业额的增长。"事实也确实如此。

在全世界IBM管理人员的桌上，都摆着一块金属板，上面写着"THINK（思考）"。

这一词箴言，是IBM的创始人托马斯·沃森创造的。

1911年12月，沃森还在NCR（国际收银机公司）担任销售部门的高级主管。

有一天，寒风刺骨，淫雨霏霏，沃森一大早就主持了一个销售会议。会议进行到下午时，气氛沉闷，无人发言，大家逐渐显得焦躁不安。

这时沃森突然在黑板上写了一个很大的"THINK"，然后对大家说："我们共同的缺点是，对每一个问题都没有充分思考，别忘了，我们都是靠动脑赚得薪水的。"

在场的NCR总裁约翰·巴达逊对"THINK"这一单词大为赞赏，当天，这个词就成为NCR的座右铭。3年后，它随着沃森的离职，变成了IBM的箴言。

方圆处世

俗话说："圆的不稳，方的不滚。"圆为灵活性，为随机应变，为具体问题具体分析；方为原则性，为坚守一定之规，为以不变应万变。刘邦便是忍一时之气而最终夺得天下的。

做人需要内方外圆。过于坚硬必被折断，过于扩张必会裂开。为人处世也是如此。

既知退而知进兮，亦能刚而能柔。

为人处世要懂得进退，既有原则又要灵活。

时势变迁，事物的发展也随之变化，因而对策也要随之改变。做人须内里端方正直，对外灵活圆通。"水至清则无鱼"，与人相处要随和、耿直，处理事情要精细、果断，认识道理要正确、通达灵活。

思路突破 可方可圆，是为人处世之道

可方可圆，是为人的因果律，又是大自然的法则。《易经》中说："天行健，君子以自强不息。"又说："地势坤，君子以厚德载物。"在这里，圆，象征着运转不息、周而复始的天体；方，象征着广大旷远、宽厚沉稳的地象。北京有个著名的天坛公园，公园分东、西、南、北四门，四四方方。园内主体建筑是祈年殿，整个大殿呈圆形：圆基座，圆柱体，浑圆顶。可谓象征天圆地方的精心设计。

可方可圆，是经世治国的方略。圆，象征着风调雨顺、国泰民安的祥和；方，象征着天下归心、四海升平的景象。圆，又喻意五湖四海、经天纬地的博大襟怀；方，又喻意"古往今来，物是人非，天地里，唯有江山不老"的山川造化。

中国的铜钱，外面圆圆的，中间是棱角分明的方孔，它寓示着"外圆内方"的做人处世的道理。一个人如果过分方方正正、有棱有角，必将碰得头破血流；但是一个人如果八面玲珑，圆滑透顶，总是想让别人吃亏，自己占便宜，也必将众叛离亲。因此，做人做

事必须有方有圆，外圆内方。而把握好何时何事可"方"、何时何事可"圆"，这就是人生成功的要诀所在。

《庄子·天下篇》中说，矩虽然可以用来画方，但是矩本身不是方的，所以说矩不可以为方；规虽然可以用来画圆，但规本身不是圆的，所以说规也不可以为圆。《算经》中说："方中有圆者，谓之圆方；圆中有方者，谓之方圆。"古人的论述再一次说明了可方可圆的道理，值得我们效法。

事情总在变

人不可能都是"诸葛亮"，事事能掐会算。因此，在实践中学习，在实践中调整自己的行动，就是十分重要的了。

这就是说，在做事的过程中，及时地根据情况的变化，来审视和调节自己，适时地采取相应的变通措施，才可能避免或减少失败。事变我变，人变我变，全力争取，奋勇拼搏。

某地一教师，辞职经商，与人合作，办了一个电子产品经营商店，然而生意不景气。他立即改变门路，与合作者商谈，办起了一所电器维修学校，求学者络绎不绝，不仅受到上级领导和群众的欢迎，而且经济收入颇丰。如今经上级批准已扩大为民办的一所大学，闻名省内外。

一旦行动起来，就必须从多方面考虑。但要想办法使自己处于正常竞争的心理状态。这样，你就少了一份失败的危险，而多了一份成功的希望！

思路突破 换一种思维，赢得一片新天地

曾有这样一则故事。

日本北海道冬季严寒，积雪期长达4个月。积雪对农作物而言，固然有防虫与防寒等好处，但积雪时间太久的话，会影响农民播种。

铲除残雪，得花大钱；等阳光来融雪，天公又常不作美。因此，农民只好撒泥土来融解积雪，但泥土太重，融雪的效果也不好。所以，几十年来，积雪问题一直困扰着北海道的农民。

有一天，一个老农夫试着把炉中的黑灰撒在积雪上，没想到，效果非常好，一举解决了数十年的难题。

黑灰不但较泥土易于搬动，而且吸热性好，融雪的效果优于泥土数倍，再说移出黑灰，等于把火炉打扫干净，真是一举两得。

黑灰原是废物，经过农夫动脑变成极有用之物，这真是应验了一句话：只要肯动脑，垃圾也能变成黄金。

某大鞋厂的老板派两名销售员到非洲考察市场，两人回国后先后向老板报告，甲兴味索然地说："非洲人不穿鞋子，因此市场没

有开发的价值，我们不必去了。"

乙则另有一种说词，他兴致勃勃地指出："非洲大多数的人都还没有穿鞋子，这个市场潜力无穷，应赶快开发，先抢得商机。"结果乙受到重用，甲不久后离职。

换一种思维方式，不但能使你在工作中找到峰回路转的契机，也能使你得到快乐。

有一个老妇人，她生有两个女儿。大女儿嫁给一个浆布的为妻，小女儿嫁给了一个修伞的人，两家过得都不错。看着两个女儿丰衣足食，老妇人原本应该高兴才对，可是她却每日都很愁苦，因为每当天气晴好的时候，老妇人就为小女儿家的生意担忧：晴天有谁会去她那里修理雨伞呢？而到了阴天的时候，她又开始为大女儿担心了：天气阴暗或者下雨，就不会有人去她那里浆被单啊！就这

人生总会有办法 思路决定出路

样，无论是刮风下雨天，还是晴好的天气，她都在发愁，眼见骨瘦如柴了。

这一天，村里来了个智者，他听老妇人讲完自己的境遇后，微笑着对老妇人说："你为什么不倒过来想？晴天时，你的大女儿家的生意一定好，而下雨的时候，小女儿家的生意就好。这样，无论是什么样的天气，你都有一个女儿在赚钱哪！"老妇人听完之后，心中豁然开朗了起来。

牛角尖里没出路

有一个人给一位心理专家写信说："我是班里有名的死脑筋，想问题、做作业总是死搬教条，因此常常钻牛角尖。"因此，钻"牛角尖"就是"死脑筋"的同义词。

所谓的"死脑筋"，主要是指思维的灵活性比较差。

可是为什么有人思维不灵活呢？

其实这有先天的生理原因，也有后天的修养原因。

从先天的原因来看，主要和人的高级神经活动的特点有关。

人的高级神经活动分为4种基本的类型。其中一种为"安静型"，这种类型的人，他们大脑的高级神经活动有一个较突出的特点，那就是在对外界的影响反应很迟钝。

这种慢性子的人在看问题、办事情时，到了拐弯处，难以迅速转弯，还需要走一阵子，甚至一直走下去，以至于钻进牛角尖。

从后天的修养来看，主要是因为在后天的发展中，人的不同的心理特征对思维灵活性有影响。从思维自身的特征来说，有些人的思维是发散式的，因此想问题比较开放，喜欢从不同的角度来想。有的人的思维是集中式的，这种人的想象总是较倾向于整齐划一，热衷于沿一条思路找寻答案，追求稳定。相对来说，这种集中式思维特征比较突出的人，容易陷入"牛角尖"。

陷进"牛角尖"之中，办事便不会变通，思维也不会灵活发散，最终导致事情办得不尽如人意。由此，我们应走出牛角尖，学会灵活变通。

思路突破 学会转弯

与人交往时，要学会抓住生活中的细枝末节，在彼此的心弦上轻拨慢捻，从而弹奏出人情味。

当你去拜访某位知名人士时，此君以工作忙碌为由搪塞，你也不必气馁。不妨做一名热心的听众，积极寻找交谈的"由头"，看准时机，再向此君说："您刚才说的那段话，使我想起了一个问题……不知您对此有何见教？"他就会在不知不觉中顺口说出对这个问题的意见。这样，彼此之间的距离便会拉近。

当自己遇到举棋不定或束手无策的事时，不妨打断对方的话"这么说，你的意思是……"这样既体现了对对方的尊敬，又避免了自己出洋相。

由于人与人的认识水平、思想观点、生活方式不同，所以有时难免发生冲突或摩擦，难免心生怨气。对这种"心肌梗塞"，如不及时医治，久而久之便会恶化。所以，在"战事"停息之后，不忘递上一杯"热咖啡"——真诚地道歉，化解矛盾，友好相处。

说话有技巧

"烦死了，烦死了！"一大早就听小华不停地抱怨，一位同事皱皱眉头，不高兴地嘀咕着："本来心情好好的，被你一吵也烦了。"

小华现在是公司的行政助理，事务繁杂，是有些烦，可谁叫她是公司的管家呢，事无巨细，不找她找谁？

其实，小华性格外向，工作认真负责，虽说牢骚满腹，但该做的事情，一点也不懈怠。维护设备，购买办公用品，交通信费，买机票，订客房……小华整天忙得晕头转向，恨不得长出4只手来。

刚交完电话费，财务部的小李就来领胶水，小华不高兴地说："昨天不是刚来过吗？怎么就你事情多，今儿这个，明儿那个的？"接着抽屉拉得劈里啪啦，翻出一个胶棒，往桌子上一扔："以后东西一起领！"小李有些尴尬，又不好说什么，忙赔笑脸："你看你，每次找人家报账都叫亲爱的，一有点事求你，脸马上就长了。"

大家正笑着呢，销售部的王娜风风火火地冲进来，原来复印机卡纸了。小华脸上立刻晴转多云，不耐烦地挥挥手："知道了。烦死了！和你说一百遍了，先填保修单。"她把单子一甩说："填一下，我去看看。"小华边往外走边嘟囔："综合部的人都死光了，什么事都找我。"对桌的小张听完气坏了："我招你惹你了？"

态度虽然不好，可整个公司的正常运转真是离不开小华。虽然有时候被她抢白得下不来台，也没有人说什么。怎么说呢？她不是把应该做的都尽心尽力做好了吗？可是，那些"讨厌"、烦死了""不是说过了吗"听起来实在是让人不舒服。

年末的时候，公司民主选举先进工作者，大家虽然都觉得这种活动老套可笑，暗地里却都希望自己能榜上有名。奖金倒是小事，谁不希望自己的工作得到肯定呢？领导们认为先进非小华莫属，可一看投票结果，50多张选票，小华只得了12张。

有人私下说："小华是不错，就是嘴巴太厉害了。"

小华很委屈："我累死累活的，却没有人体谅……"

思路突破 口才的魔力

在社会交往中如鱼得水的人，可以顺畅地表达自己的意思，别

人听后也乐意接受。他们还可以从谈话中得到启示，了解对方并与之建立友谊，从而在人际交往中受到欢迎。

许多口才不佳的人不能清楚地表达自己的意图，因而对方听得很费力，也就不可能心悦诚服地接受，这就造成了交际的障碍。

一个有好口才的人说出来的话大都能拨动人们的心弦，好像具有一种魔力。他的举手投足、只字片语似乎都可以使周围的空气松弛或紧张。

好的口才能给人愉悦感，从而获得他人的尊敬；可以使相互熟识的人情更浓，爱更深；可以使陌生的人相互产生好感，结下友谊；可以使意见分歧的人互相理解，消除矛盾；可以使彼此怨恨的人化干戈为玉帛，友好相处。

人生总会有办法 思路决定出路

"不"字也要说

人如果总以一个志愿者、助人者的角色，陷入一种对每个人、每件事都尽心尽力的生活模式中，他所承受的压力会让他很难保持平静从容的心态，烦躁、易怒、怨愤、闷闷不乐等形容词非常准确地表达了他心中的真实感受。

在他本来想说"不"予以拒绝的时候，却违心地说"是"予以答应。这种貌似口误的表达背后，其实有种种更深层次的心理原因：也许他希望获得别人的喜欢；也许他希望被别人重视；也许他愿意被人奉承；也许他担心如果拒绝别人的要求就会失去什么……这些心理导致他对别人的要求违心地点头应允。

一些人习惯性地认为，拒绝别人的要求是一种不良习惯。有的时候我们甚至还没有听清楚别人的要求是什么，就心不在焉地让"好，没问题"从嘴边溜了出来。还有许多人对别人的要求不好意思拒绝，因为他们会因为拒绝了别人而在很长的一段时间里感到不安或愧疚。

在你有过本来想说"不"却违心地说了"是"的苦恼经历以后，就应该学会说"不"。

想要有效地把握自己做事的优先顺序，为自己赢得更多的时间，必须学会说"不"。

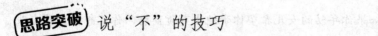 说"不"的技巧

该说"不"时，就要勇敢地说"不"！

不过，说"不"也不是那么简单，而是需要技巧的。因为如果技巧运用不好，很容易弄僵彼此的关系。

技巧因人而异，不过也有一些原则可循：

尽量委婉、平和，说明你说"不"的原因，让对方有台阶下，也不致伤了和气。如果可能，迂回一点讲也可以，而不要直接说"不"，对方应能听懂你的弦外之音。

不过，说"不"要进行学习，可以先从小事学起，久而久之，便可掌握分寸，不会闹得脸红脖子粗。

★搞清楚对方的要求

仔细倾听他人的要求，问明白有关细节，弄清楚人家究竟期待你的是什么。要搞得明明白白，不要接受含混不清的要求。在你开口表态以前一定要想清楚。

★暂缓表态

如果你没有勇气在别人提出要求时立即给予拒绝，那么可以先说："让我仔细想一想，我会尽快给你答复的。"等一两天，然后鼓起勇气来回复他，拒绝对方的要求。如果对方强迫你立刻回答他，那么只能立刻回答他说"不"。拖上一阵子再说"不"予以拒绝（如果你已经决定了），要比当时犹犹豫豫地先说"是"答应下来，事后又想反悔容易得多。

★说"不"态度要坚定

如果你年幼的女儿希望你带她去百货商场而你不想去，就直截了当地说"不"，没有商量的余地。如果你的同事要求你加入一个

人生总会有办法 思路决定出路

筹集资金的基金会，就直接告诉他："不行，我现在实在抽不出时间来。"

★以难以胜任予以拒绝

举例来说，如果有人希望你帮他做大量文字写作的工作，而写作又不是你的强项时，你就应拒绝他。如果这项工作超出了你的承受力，最好的应对办法就是干脆地回答："这件事我可干不了。"

★自己的事最优先

说"不"予以拒绝，再加上一句补充"我现在实在太忙了"或者"我已经精疲力竭了"。如果这样说不奏效的话，可以进一步表示："我非常愿意帮助你，但是我现在手头上还有5件自己的事急着要办。"对方听了以后，一般不会提出来帮你做这5件事，但他们很可能就此打退堂鼓，不再坚持了。

★绝不要说"我没有时间"

如果你说"我没有时间"，对方听了后可能会详细追问你的行事细节，然后"帮"你从中找出可以抽出来帮助他们的时间。到了这一步，你就几乎无路可退，不得不勉强地答应他们的要求。

★及时打断对方谈话

不要让对方旁敲侧击地诱导你，使你最后不得不同意他的要求。在谈话中听出对方有某种暗示时，应尽早直截了当地说："我很抱歉听到这种情况。"或者说："我很抱歉你会遇到这个问题。"然后继续按自己的思路说下去："如果你希望我来帮你这个忙，我恐怕现在也没什么办法。"

如果他进一步恳求你，就应该坚决地回绝说："我现在真的没有办法来帮助你。"用这种办法来应对那些习惯于依赖别人、总是占用人家的时间来为他们做这做那的人，是很有效的。

赞美是最好的说话艺术

每个人都希望得到赞美，人性最深切的渴望就是拥有他人的赞赏。

你能赞美别人有多高尚，你的内心世界就有多高尚！

不要怕因赞美别人而降低自己的身价，相反，应当通过赞美表示你对别人的真诚。记着这一句话："给活着的人献上一朵玫瑰，要比给死人献上一个大花圈价值大得多。"生活中没有赞美是不可想象的。百老汇一位喜剧演员有一次做了个梦，自己在一个座无虚席的剧院，给成千上万的观众表演，然而，观众没有一丝掌声。他后来说："即使一个星期能赚上10万美元，这种生活也如同地狱一般。"

赞美是不能勉强的，它是理智与情感融合的一种表达方式。勉强的赞美，不仅使自己心里有不协调之感，而且还会把这种情感传达给听者。社会上有一些人，有时用一些好听的话去奉承别人，暂时收到一些效果。但那毕竟是有不可告人的目的的。我们所指的赞美，首先要被赞美的事物本身的确有值得歌颂之处。其次，它也的确能加深赞美者与被赞美者之间健康的友谊。

当你赞美别人的时候，好像用一支火把照亮了别人的生活，使他的生活更加有光彩；同时，这支火把也会照亮你的心田，使你在这种真诚的赞美中感到愉快和满足，并激起你对此的向往之情，引导自己朝这个方向前进。当你向朋友说"我最佩服你遇事能够坚决果断，我能像你这样就好了"的时候，也会被朋友的美德吸引，竭力使自己也能够坚强果断起来。妻子或丈夫要是能真心向对方说些赞美的话，就等于取得了可靠的婚姻保险。

此外，赞美可以消除人与人之间的怨恨。某地有一家历史悠久的药店，店主巴洛具有丰富的经营经验。正当他的事业蒸蒸日上时，离他不远的地方又开了一家小店。巴洛十分不满这位新来的对手，到处向人指责那家小店卖次药，毫无配方经验。小店店主听了很气愤，想到法院去起诉。后来，一位律师

劝他，不妨试试表示善意的方法。顾客们又向小店店主述说巴洛的攻击时，小店店主说："一定是误会了，巴洛是本地最好的药店主，他在任何时候都乐意给急诊病人配药。他这种对病人的关心给我们大家树立了榜样。我们这地方正处在发展之中，有足够的空间可供我们做生意，我是以巴洛为榜样的。"巴洛听到这些话后，立刻找到年轻的对手，向他道歉，还向他介绍自己的经验。就这样，怨恨消失了。

思路突破 称赞的原则

心理学家指出，称赞别人时，应该遵守下列5项原则：

★当面称赞别人

如果对方是个女人，而她的新帽子很漂亮，你要真诚地当面称赞她；如果对方是个男人，而他的领带很漂亮，你也应该真诚地当面称赞他；如果你在报上看到友人被选为先进个人，你也应该立即打电话向他道贺。

即使你的称赞不可能收到100%的效果，也应该毫不迟疑地当面告诉他。

★征求意见的魅力

征求意见也是一种赞美，比如，你可以问对方："你认为如何？"或是："我该怎么办？"这是属于一种间接的称赞。你或许认为它不能达到和直接称赞相同的效果，但是，如果你能运用得当，它甚至能够产生比直接称赞更好的效果。

人生总会有办法 思路决定出路

★满足对方的心理

对于实在不是很了解事情真相的人，你也应该对他说："你一定很了解吧！"也就是说，你把他当作知道此事的人，以满足他的心理，让他感到高兴。每一个人都希望被认为是有知识、有教养的人。如果你不忘常用"你真有知识""你真有能力""你真有判断力"等语言去满足他这方面的需求，你就能很容易地使他对你产生好感。

曾经有一位催眠专家表示，如果你想催眠一位有教养的人，最重要的秘诀是在事前不露痕迹地给他这样的暗示——知识水准愈高的人愈容易被催眠。

如果你对那些爱谈论政治事务的人说："像你这样通晓国际形势的人，一定对石油问题的发展情况了然于胸。"你就能很容易地博得他的好感。

★称赞对方的优点

男人希望自己强壮，女人希望自己漂亮。你只要好好掌握这个原理，并且制造机会称赞他的强壮或她的漂亮，那么你也可以让其感到无比高兴。

那么对于不强壮、不漂亮的人，我们该怎么办呢？你可以称赞不漂亮的女人"很有智慧""很善良""很善解人意"……同样，你也可以称赞不强壮的男人"很有能力""很有见解""很有个性"……总之，找到对方的优点，并真诚地加以赞美，就能取得不错的效果。

★称赞对方的成就

有些男人对自己事业的成功感到自豪，有些女人对自己孩子优良的学业成绩感到自豪。聪明的你就应该在他们这些得意处，好好利用机会加以称赞。

懂得这些称赞原则并且善加利用，一定会为你的生活带来许多意想不到的惊喜。不过你应当注意，绝不可以把它和"谄媚、奉承"相混淆。

心理学家表示，要防止你的称赞沦为谄媚，最好的方法就是只去称赞对方真正的成就。而且，你称赞时的态度必须非常认真和诚恳。称赞和谄媚之别就在这里。

幽默是金

幽默，是人的主体性力量的显现。在人际交往中，只要幽默得体适时，就能够松弛神经，活跃气氛，创造出和谐美好的环境。置身于这种环境中，我们交往起来方能心情舒畅、精力充沛。

幽默的谈吐往往惹得人们捧腹大笑。生活中的幽默既可以随意发挥，也可以刻意设计，它们都是生活的一种重要的调剂方式。善于运用它们的，都是对生活充满热爱的人。

在一次贸易谈判中，由于双方都为了各自的利益而不肯做任何让步，使谈判陷入僵局，主人只好宣布休会。用餐时，主人为客人斟酒，手一抖，酒杯碰到客人的额角，竟将酒浇了客人一头，当时的情形十分尴尬。公关小姐见状，从容地举起酒杯，对客人说："让我们为我们双方的共同利益与友好合作，从头来干一杯！"主客一愣，随即会意地大笑。在笑声中，双方意识到了坐到一起来的原因，于是重新回到了谈判桌上，在互谅互让的友好气氛中开始了贸易谈判。

一位旅游者骑摩托车出游，半途中汽油耗尽，恰好不远处有一个加油站。旅游者担心钱不够用，焦急地对值班员说："我只有10块钱！"值班员轻松地回答说："没关系，星期四我们是不找钱的。"旅游者回头一看，加一次油原来只需8块钱。俩人都笑了。这一笑，便笑出了和谐与亲切。

和谐美好的人生，是我们追求的目标，然而事与愿违，生活并不一定能给予我们公正的回报。遇到这种情形，嫌弃型性格的人也许会耿耿于怀，一触即发；而人缘型性格的人，则会泰然处之，以幽默去消除敌意。

在公共汽车上，乘客与售票员发生了争吵，乘客抱怨售票员不提醒他，使他坐过了站。售票员解释自己报了站名，怪他没听见。乘客大怒，叫道："小姐，下车！"售票员不慌不忙地说："小姐不能下车，小姐下了车，谁来卖票呢？"乘客意识到了自己的鲁莽，忍不住也笑了。一场可能发生的冲突就这样化解了。

幽默虽然能够促进人际关系的和谐，但运用不当，也会适得其反，破坏人际关系的平衡，激化潜在矛盾，造成冲突。在一家饭店，一位顾客生气地对服务员嚷道："这是怎么回事？这只鸡的腿怎么一条比另一条短一截？"服务员故作幽默地说："那有什么！你到底是要吃它，还是要和它跳舞？"顾客十分生气，一场本来可以避免的争吵便发生了。

思路突破 幽默的5点技巧

同样的话，有的人说出来生动有趣，有的人说出来却呆板无味，这除了与人的个性有关外，还与说话的技巧有关。一个故事之所以有趣，十之八九在于讲故事的人讲述得法。林肯就曾讲过一个故事，让人笑得从椅子上掉下来。

"有一个旅客，正在经过十分泥泞难行的伊利诺伊州的草原回家去，中途忽然遇到了暴风雨。天黑如墨，大雨倾盆，好像天上的河堤决了口一样。隆隆的雷声，从乌云之中迸发出来，宛如火药库在爆炸。接二连三的闪电，照亮了草原，许多树木被雷雨折弯了腰。雷声愈来愈响，震耳欲聋，后来他突然被一个巨大而又可怕的雷声吓得跪倒在地。他一向是不祈祷的，然而就在这时候，他却喘着气说：'上帝啊，如果雷声和闪电对你来说是一样的，就请你多给我一些光亮的闪电，少给我一些可怕的雷声吧！'"

这段话本身在我们看来并不是很有趣，那为什么林肯一讲，大家就禁不住大笑呢？原因就在于林肯掌握了讲话时语速、语调的综合运用。下面就介绍几种幽默的技巧。

★偷梁换柱

偷梁换柱法实质上是一种偷换概念、故意违反逻辑的幽默。概念被偷换得越离谱、越隐蔽，概念的内涵差距越大，幽默的效果就越强烈。

1843年，林肯作为伊利诺伊州共和党的候选人，与民主党的彼德·卡特赖特竞选该州在国会的众议员席位。

卡特赖特是个有名的牧师，他抓住林肯的一个"小辫子"大肆攻击林肯，使林肯在选民中的威信骤降。

有一次，林肯获悉卡特赖特又要在某教堂做布道演讲了，就按时走进教堂，虔诚地坐在显眼的位置上，有意让这位牧师看到。卡特赖特认为又可以大肆攻击林肯一番了。就在演讲进入高潮时，牧师突然对信徒说："愿意把心献给上帝，想进天堂的人站起来！"信徒全都站了起来。"请坐下！"卡特赖特继续祈祷之后，又说："所有不愿下地狱的人站起来吧！"当然，教徒们又一次站起来。

就在这时，牧师又对教徒们说："我看到大家都愿意把自己的心献给上帝而进入天堂，我又看到有一人例外。这个唯一的例外就是大名鼎鼎的林肯先生，他两次都没有做出反应。请问林肯先生，你到底要到哪里去？"

这时林肯从容地站起来，面向选民平静地说："我是以一个恭顺听众的身份来这儿的，没料到卡特赖特教友竟单独点了我的名，真是不胜荣幸。我认为卡特赖特教友提出的问题都是很重要的，但我感到可以不像其他人一样回答问题。他直截了当地问我要到哪里去，我愿用同样坦率的话回答：我要到国会去。"

在场的人被林肯雄辩风趣的语言征服了。后来，林肯当上

了国会众议员。

★一语双关

一语双关指在一定的语言环境中，利用语句的同义、谐音关系等，有意识地使用其双重意思，说者往往是要表达"话"中之"话"。这种幽默含蓄委婉、生动活泼、风趣诙谐，能给人以意外之感。

我们中国人就特别善于运用一语双关的幽默形式。

传说纪晓岚在行舟途中，遇到一位老者，亦乘大船南下，还给纪晓岚送来一张纸条："我看阁下必是一位文士，现有一联，如阁下能对出，敝船必当退避三舍；如对不出，则只好委屈阁下殿后。"老者的上联是："两舟并行，橹速不如帆快。"这是一副语意双关联。"橹速"谐指三国著名文臣鲁肃，"帆快"暗指西汉著名勇士樊哙，一文一武，正巧构成双重含义，表面上是说橹不如帆，暗含的意思是说文不如武。纪晓岚深知此联难对，不禁冥思苦想，结果让老者扬帆远去。他到福州后，主持院试，乐声轰鸣。纪晓岚触景生情，想出下联："八音齐奏，笛清怎比箫和。""笛清"暗指北宋名将狄青，"箫和"暗指西汉名臣萧何，也是一语双关，一文一武，文胜于武，对得天衣无缝。

★妙语连珠

妙语连珠也是一种幽默方式，能做到妙语连珠的确不容易，需要有良好的口才和幽默感。

有人问作家刘吉："有人说跳迪斯科扭屁股是颓废，你同意吗？"对此，假如正面回答是或不是，就显得苍白无力。刘吉用反诘句作了风趣而令人信服的答复："有的舞蹈可以扭脖子，有的舞蹈可以扭肩膀，为什么迪斯科不可以扭屁股呢？不都是扭身体的一部分吗？"真是绝妙的回答，两句反诘，胜过千言万语。

★借题发挥

借题发挥是指顺着别人的某一话题，引申发挥，出人意料地表达自己的某种思想。

南唐时，京师大旱，烈祖问群臣："外地都下了雨，为什么京师不下？"大臣申渐高说："因为雨怕收税，所以不敢入京城。"烈祖听后大笑，并决定减税。

申渐高巧借烈祖的话，引申发挥，表达了京城税太多，应该减税的意思。这非常巧妙，效果也很好，烈祖在笑声中接受了他的意见。

★急中生智

人们在社交场合中，往往会遇到令人发窘的问题和尴尬的处境。这种时候运用急中生智的幽默术是最好的方法，能把自己思维的潜在能量充分发挥出来。为此，你就要冷静、乐观、豁达，使自己的精神处于一种自由的、活跃的状态中，运用机智而又幽默的语言，帮助自己解困。

有一次，著名京剧老生演员马连良演出《天水关》，他在剧中饰演诸葛亮。开演前，饰演魏延的演员突然病了。一位来看望他的

同行毛遂自荐，替演魏延这一角色。

当戏演到诸葛亮升帐发号施令巧施离间计时，这个演员想和马连良开个玩笑，该魏延下场时，他偏不下场，却故意向诸葛亮一拱手，粗声粗气地说道："末将不知根底，望丞相明白指点！"

对此，马连良并未紧张，他先是微微一怔，当即向"魏延"莞尔一笑，说道："此乃军机，岂可明言？请魏将军站过来。""魏延"一听，只好走到"诸葛亮"眼前。只见"诸葛亮"稍微转了一下身体，俯在"魏延"耳边轻声说了一句什么，那"魏延"口中连呼："丞相好计！丞相好计！"然后匆匆下场。

马连良不愧是一位艺术大师，面对突如其来的状况，不慌不忙，巧言解围，他采用的就是急中生智的幽默法。

患得患失的悲哀

《老子》中说："名与身孰亲？身与货孰多？得与失孰病？是故甚爱必大费，多藏必厚亡。"这几句话的意思是，人的一生之中，名声和生命到底哪个更重要呢？自身与财物相比，何者是第一位的呢？得到名利地位与丧失生命相衡量起来，哪一个是真正的得到、哪一个又是真正的丧失呢？所以说，过分追求名利地位就会付出很大的代价。

老子的话极具辩证思想，告诉我们应该站在一个什么样的立场上看待得失的问题。也许一个人可以做到虚怀若谷、大智若愚，但是事事占下风，总觉得自己在遭受损失，渐渐地就会心理不平衡，于是就会去计较自己的得失。事事一定要分辨个明明白白，结果朋友之间、同事之间是非不断，自己也惹得一身闲气，而想得到的照样没有得到，这是失的多还是得的多呢？

对于得失问题，古人还认识到，自然界中万物的变化，有盛便有衰；人世间的事情同样如此，总是有得便有失。

患得患失的人把个人的得失看得过重。其实人生百年，贪欲再多，钱财再多，也一样是生不带来死不带去。

挖空心思地巧取豪夺，难道就是人生的目的？这样的人生难道就完善，就幸福吗？过于注重个人的得失，会使一个人变得心胸狭隘、斤斤计较、目光短浅。而一旦将个人得失置于脑后，便能够轻松看待身边发生的事，遇事从大局着眼，从长远利益考虑问题。

《老子》中说："祸往往与福同在，福中往往就潜伏着祸。"得到了不一定就是好事，失去了也不见得是件坏事。正确地看待个人的得失，不患得患失，才能真正有所收获。人不应该为暂时的得到而沾沾自喜，认识人、认识事物，都应该认识其根本。得也应得到真的东西，不要为虚假的东西所迷惑。失去也许可惜，但也要看失去的是什么，如果是自身的缺点、问题，这样的失又有什么值得惋惜的呢？

思路突破 有舍方有得

"赠"予别人，其实就是"赠"给自己。

第二次世界大战的硝烟刚刚散尽，以美、中、英、法、苏为首的战胜国几经磋商，决定在美国纽约成立一个协调处理国际事务的联合国。一切准备就绪之后，大家才蓦然发现，这个世界性组织竟没有自己的立足之地。

买一块地皮吧，刚刚成立的联合国还身无分文。让世界各国筹资吧，牌子刚刚挂起，就要向世界各国搞经济摊派，负面影响太大。况且刚刚经历了战争的浩劫，各国国库都空虚，甚至许多国家财政赤字居高不下，在寸土寸金的纽约筹资买下一块地皮，并不是一件容易的事情。联合国对此一筹莫展。

听到这一消息后，美国著名的家族财团洛克菲勒家族经商议，果断出资870万美元，在纽约买下一块地皮，将这块地皮无条件地赠予了这个刚刚挂牌的国际性组织——联合国。同时，洛克菲勒家族亦将毗邻这块地皮的大面积地皮全部买下。

对洛克菲勒家族的这一出人意料之举，当时许多美国大财团都吃惊不已。870万美元，对于战后经济萎靡的美国和全世界，都是一笔不小的数目呀！而洛克菲勒家族却将它拱手赠出了，并且什么条件也没有。这条消息传出后，美国许多财团和地产商纷纷嘲笑说："这简直是蠢人之举！"并纷纷断言："这样经营要不了10年，著名的洛克菲勒家族，便会沦落为著名的洛克菲勒家族贫民集团！"

但出人意料的是，联合国大楼刚刚建成，它四周的地价便飙升起来，相当于捐赠款数十倍、近百倍的巨额财富源源不断地涌进了洛克菲勒家族的腰包。这种结局，令那些曾经嘲笑过洛克菲勒家族捐赠之举的财团和地产商目瞪口呆。

这是典型的"因舍而得"的例子。如果洛克菲勒家族没有做出"舍"的举动，勇于放弃眼前的利益，就不可能有"得"的结果。放弃和得到永远是辩证统一的。然而，现实中许多人却执着于"得"，常常忘记了"放弃"也是一种人生境界。要知道，什么都想得到的人，最终可能会为物所累，一无所获。

不必为完美所累

谢尔·西尔弗斯坦在《丢失的那块》里讲过这样一个故事：一个圆环被切掉了一块，圆环想使自己重新完整起来，于是就到处去寻找丢失的那块。可是由于它不完整，因此滚得很慢，它欣赏路边的花儿，它与虫儿聊天，它享受阳光。它发现了许多不同的小块，可没有一块适合它。于是它继续寻找。

人生总会有办法 思路决定出路

终于有一天，圆环找到了非常适合的小块，它高兴极了，将那小块装上，然后又滚了起来，它终于成为完美的圆环了。它能够滚得很快，以致无暇注意花儿或虫儿。当它发现飞快的滚动使它的世界再也不像以前那样时，它停住了，把那一小块又放回到路边，缓慢地向前滚去。

人生的确有许多不完美之处，每个人都会有这样或那样的缺憾。其实，没有缺憾我们便无法去衡量完美。仔细想想，缺憾不也是一种完美吗？

著名的音乐家托马斯·杰斐逊其貌不扬，他在向妻子玛莎求婚时，还有两位情敌也在追求玛莎。一个星期天，杰斐逊的两个情敌在玛莎的家门口碰上了，于是，他们准备联合起来，羞辱杰斐逊。可是，这时门里传来优美的小提琴声，还有一个甜美的声音在伴唱。如水的乐曲在房屋周遭流淌着，两个情敌此时竟然没有勇气去推玛莎家的门，他们心照不宣地走了，再也没有回来过。

杰斐逊并不完美，也不出众，但是他有了小提琴和音乐才华，就不可战胜了。

生活不可能完美无缺，也正因为有了残缺，我们才有梦，才有希望。当我们为梦想和希望而付出我们的努力时，我们就已经拥有了一个完整的自我。

思路突破 正确面对不完善的自我

古语云：甘瓜苦蒂，物不全美。从理念上讲，人们大都承认

"金无足赤，人无完人"。正如世界上没有十全十美的东西一样，生活中也不存在完人。但在认识自我、看待别人的具体问题上，许多人仍然习惯于追求完美，要求自己样样都行，对别人也往往要求完美。

任何人都有优点和缺点。

美国大发明家爱迪生，有过一千多项发明，被誉为发明大王，但他在晚年固执地反对交流输电，一味主张直流输电。

电影艺术大师卓别林创造了生动而深刻的喜剧形象，但他极力反对有声电影。

人是可以认识自己、操纵自己的，人的自信不仅是相信自己有能力、有价值，而且是相信自己有缺点。人永远具有灵与肉、好与坏、真与伪、友好与孤独、坚定与灵活等两重性。

自我容纳的人，能够实事求是地看自己，也能正确看待别人的两重性，这样就会抛弃骄傲自大、清高孤僻、鲁莽草率之类导致失败的弱点。我们将这种自我肯定、自我容纳的意识付诸行动，就能从自身条件不足和所处环境不利的局限中解脱出来，说自己想说的话，做自己想做的事，不必藏拙，不怕露怯。即使明知在某方面不如别人，只要是自己想做的事，也会果敢行动。因为任何一个人只有经过不知所措、羞怯紧张的阶段，才能学会走路、讲话、游泳、滑冰、骑车、跳舞等技能。

法国大思想家卢梭说得好："大自然塑造了我，然后把模子打碎了。"这的确是实在话。可惜的是，许多人不肯接受这个已经失去了模子的自我，于是就用自以为完美的标准，即公共模子，把自己重新塑造一遍，结果失去了自我。

"成为你自己！"这句格言之所以知易行难，原因就在于此。

不懂得放弃

两个和尚一道到山下化缘，途经一条小河。两个和尚正要过河，忽然看见一个妇人站在河边发愣，原来妇人不知河的深浅，不敢轻易过河。年纪较大的和尚立刻上前去，把那个妇人背过了河。两个和尚继续赶路，可是在路上，那个年纪较大的和尚一直被另一个和尚抱怨，说作为一个出家人，怎么能背妇人过河，又说了一些不好听的话。年纪较大的和尚一直沉默着，最后他对另一个和尚说："你之所以到现在还喋喋不休，是因为你一直都没有在心中放下这件事，而我在放下妇人之后，同时也把这件事放下了，所以才不会像你一样烦恼。"

"放下"是一种觉悟，更是一种心灵的自由。

许多事业有成的人常常有这样的感慨：事业小有成就，但心里空空的，好像拥有很多，又好像什么都没有。总是想成功后坐豪华游轮去环游世界，尽情享受一番。但真的成功了，却又没有时间去了却心愿。因为还有许多事情让人放不下……

对此，台湾作家吴淡如说得好：好像要到某种年纪，在拥有某些东西之后，你才能够悟到，你建构的人生像一栋华美的大厦，但只有外壳，里面水管失修、配备不足、墙壁剥落，又很难

找出原因来整修，除非你把整栋房子拆掉，但你又舍不得拆掉。那是一生的心血，拆掉了，所有的人会不知道你是谁，你也很可能会不知道自己是谁。

很多时候，我们舍不得放弃一个放弃了之后并不会失去什么的工作，舍不得放弃对权力与金钱的追逐……于是，我们只能用生命作为代价，透支健康与年华。但谁能算得出，在得到一些自己认为珍贵的东西时，有多少和生命休戚相关的美丽像沙子一样从手掌间溜走？而我们却很少去思忖：掌中所握的生命的沙子的数量是有限的，一旦失去，便再也回不来。

思路突破 懂得放弃是一种境界

在日常生活中，对不用之物的处理往往体现出一个人的思维方式。随着人们生活水平的提高，物尽其用的概念已经陈旧。现在，家家都有不少已被替代但并未完全丧失功能的物品，有些人家舍不得丢弃，日积月累，无用之物越积越多，等到堆放不下了，只能惋惜地集中扔掉，并在疲劳的同时慨叹着"早知今日，何必当初"。

有些人随时淘汰那些不再需要的东西，省去了集中处理的麻烦。其实人生又何尝不是如此，即便过着平凡的日子，也依然会不断地积累，大到人生感悟，小到一张名片，都是从无到有，积少成多。人类本身就有喜新厌旧的癖好，都喜欢焕然一新的感觉，不学会放弃是无论如何也无法焕然一新的。学会放弃也就成了一种境界，大弃大得，小弃小得，不弃不得。

有一个聪明的年轻人，一心想成为一名大学问家。可是，许多年过去了，他的学业却没有长进。他很苦恼，就去向一个大师求教。

大师说："我们登山吧，到山顶你就知道该如何做了。"

那山上有许多晶莹的小石头，煞是迷人。每见到他喜欢的石头，大师就让他装进袋子里背着，很快，他就吃不消了。"大师，再背，别说到山顶了，恐怕连动也不能动了。"他疑惑地望着大师。大师微微一笑："该放下，不放下背着石头咋能登山呢？"

年轻人一愣，忽觉心中一亮，向大师道了谢走了。之后，他一心做学问，进步飞快。其实，人要有所得必有所失，只有学会放弃，才有可能登上人生的高峰。

进和退有学问

当年美国前总统肯尼迪在竞选美国参议员的时候，他的竞选对手在最关键的时候轻易地抓到了他的一个把柄：肯尼迪在学生时代，曾因欺骗而被哈佛大学清退。这类事件在政治上的威力是巨大的，竞选对手只要充分利用这个证据，就可以使肯尼迪诚实、正直的形象蒙上一层阴影，使他的政治前途黯淡无光。一般人面对这类事情的反应不外是极力否认，澄清自己，但肯尼迪很爽快地承认了自己的确曾犯了一项很严重的错误，他说："我对于自己曾经做过的事情感到很抱歉。我是错的。我没有什么可以辩驳的。"肯尼迪这么做，等于说"我已经放弃了所有的抵抗"，而对于一个已经放弃抵抗的人，你还要跟他没完没了吗？如果对手真的继续进攻了，显得对手没有一点风度。所以，我们应记住一个基本原则：一个人既然已经承认错误了，那么你就不能再跟他计较。

这是在被动的情况下采用的以退为进的策略。在主动的情况下，由于彻底解决某个问题的时机没有完全成熟，也可以采用这种策略。

康熙皇帝继位时年龄很小，功臣鳌拜掌握朝中大权，并想谋取皇位。康熙十分清楚鳌拜的野心，但他觉得自己根基未稳，准备还不充分，于是索性不问政事，整天与一帮哥们儿"游戏"，以制造一种自己昏庸无能的假象，让鳌拜对他彻底放松了戒备，最后康熙等时机成熟时一举将其擒获。

思路突破 大丈夫能屈能伸

荀子说，大丈夫根据时势，需要屈时就屈，需要伸时就伸；可以屈时就屈，可以伸时就伸。屈于应当屈的时候，是智慧；伸于应当伸的时候，也是智慧。屈是保存力量，伸是壮大力量；屈是隐匿自我，伸是高扬自我；屈是生之低谷，伸是生之巅峰。有低谷，有巅峰，犬牙交错，波浪行进，这才构成完美而丰富的人生。

荀子还说，人如果到了如《诗经》中所说的，往左，你能应对自如；往右，你能掌握一切这样的境界，就不枉为人了。

大丈夫有起有伏，能屈能伸。起，就起他个直上九霄，伏，就伏他个如龙在渊；屈，就屈他个不露痕迹，伸，就伸他个天高海阔。

南宋抗元英雄文天祥，几次出生入死，找到自己的军队，与元军展开最后一战，被捕后英勇就义，英名流芳百世。他那"人生自古谁无死，留取丹心照汗青"的诗句永远激励着后人！

史学家司马迁对楚国义侠季布为实现自己的政治抱负，不惜乔装为奴，忍辱偷生给予了如下评论：

"……季布以勇显于楚，身屦军塞旗者数矣，可谓壮士。然至被刑戮，为人奴而不死，何其下也！彼必自负其材，故受辱而不羞，欲有所用其未足也，故终为汉名将，贤者诚重其死。夫婢妾贱人感慨而自杀者，非有勇也，其计画无复之耳。"

其实，司马迁本人就是耿介之士。当群臣众口一词诋毁李陵降胡时，他却站出来，仗义执言，结果触怒了汉武帝而被处以宫刑。受宫刑乃奇耻大辱，从不畏死的角度看司马迁理应自杀。但他深知自己肩负的使命，忍辱负重，活了下来。

试想：如若没有司马迁的忍辱负重，怎能有巨著《史记》的问世？

第十一章　你的习惯是一切美好的开始

目标尽在混沌中

　　一条船，如果配备有合适的风帆，就能朝任何方向行驶。组合帆可保证最有效地利用风力，但舵能确保船向特定的方向行驶。没有了舵，船就只能任凭风吹，毫无目的地行驶。

　　这个道理对人也完全适用。为了获得成功，你可以干的事情多得很。你可以修身养性，使自己具有迷人的个性；你可以修饰打扮，使自己神采奕奕；你还可以接受良好的教育，使自己学富五车。做这类事情，恰似给自己的航船安上风帆，但是，要是没有适当的导航装置，在人生的征途上你仍有可能寸步难行。你需要有目标和理想，好使你能沿着你所希望的方向前进。"如果一个人没有崇高的目标，"芬汉社区的创办者艾琳·卡迪说道，"就跟一条没有舵的航船一样。"

　　许多人表面上看来工作勤奋，但在个人事业上成果甚微。

主要原因在于，他们没有目标，没有方向。他们就像没有舵的航船一样，白白浪费掉宝贵的精力，结果无法使自己积聚起广博的知识和专业技能。明确的目标可以对你那无限的潜力起到舵的作用，帮助你增强自己能力，人一旦变得高效和富有创造性，无能为力和无所适从等不良反应就会烟消云散了。

思路突破 点燃心中的明灯

　　茫茫宇宙，漫漫人生，为什么有的人能长期奋斗，给自己创造成就，给人类带来光明，成为成功者卓越者乃至伟大者；而有的人却庸庸碌碌，无所作为，一生像燃着的湿绳，烟雾弥漫，却没有亮光，成为失败者？

这天差地别的原因在于，前者心中有一盏人生大目标的明灯，后者心中却是一片灰暗。

心中没有明灯的人，由于心理灰暗，容易把这个世界也看成是一个灰暗的世界，从而误入失败悲观的歧途。

下面这个故事，告诉我们确立目标的重要性。

罗马纳·巴纽埃洛斯是一位年轻的墨西哥姑娘，16岁就结婚了。在两年当中她生了两个儿子，丈夫不久后离家出走，罗马纳只好独自支撑家庭。但是，她决心谋求一种令她自己及两个儿子感到体面和自豪的生活。

她用一块普通披巾包起全部财产，跨过里奥兰德河，在得克萨斯州的埃尔帕索安顿下来，并在一家洗衣店工作，一天仅赚1美元，但她从没忘记自己的梦想，即要在贫困的阴影中创造一种受人尊敬的生活。于是，口袋里只有7美元的她，带着两个儿子乘公共汽车来到洛杉矶寻求更好的发展。

她开始做洗碗的工作，后来找到什么活就做什么，拼命攒钱直到存了400美元后，便和她的姨妈共同买下一家拥有一台烙饼机及一台烙小玉米饼机的店。她与姨妈共同制作的玉米饼非常成功，后来还开了几家分店。直到最后，姨妈感到工作太辛苦了，这位年轻妇女便买下了她的股份。

不久，她经营的小玉米饼店铺成为全美最大的墨西哥食品批发地，拥有员工300多人。

她和两个儿子在经济上有了保障之后，这位勇敢的年轻妇女便将精力转移到提高她美籍墨西哥同胞的地位上。

"我们需要自己的银行。"她想。后来她便和许多朋友在东洛杉矶创建了"泛美国民银行"。这家银行主要是为美籍墨西哥人所居住的社区服务。如今，银行资产已增长到2200多万美元，这位年轻妇女的成功确实来之不易。

抱有消极思想的专家们告诉她："不要做这种事。"他们说："美籍墨西哥人不能创办自己的银行，你们没有资格创办一家银行，而且永远不会成功。"

"我行，而且一定要成功。"她平静地回答。结果她真的梦想成真了。

她与伙伴们在一个小拖车里创办起他们的银行。可是，到社区销售股票时遇到麻烦，因为人们对他们毫无信心，于是她向人们兜售股票时屡屡遭到拒绝。

他们说："你怎么可能办得起银行呢？""我们已经努力了十几年，总是失败，你知道吗？墨西哥人不是银行家呀！"

但是，她始终不放弃自己的梦想，努力不懈，如今，这家银行取得伟大成功的故事在东洛杉矶已经传为佳话。后来她成为了美国第34任财政部长。

懒惰是一种毒药

懒惰是一种恶劣的精神重负。人一旦背上了懒惰这个包袱，就只会整天怨天尤人、精神沮丧、无所事事。

　　懒惰会吞噬人的心灵，在工作中，懈怠会引起无聊，无聊又会导致懒惰。许多人都抱着这样一种想法：我的老板太苛刻了，根本不值得如此勤奋地为他工作。一些人花费很多精力来逃避工作，却不愿花相同的精力努力完成工作。他们以为自己骗得过老板，其实，他们愚弄的却是自己。

　　有一个外国人周游世界各地，对生活在不同地位、不同国家的人有相当深刻的了解。当有人问他不同民族的最大的共性是什么，或者说最大的特点是什么时，这位外国人回答道："好逸恶劳乃是人类最大的特点。"

　　英国圣公会牧师、学者、著名作家伯顿给世人留下了一本内容深奥却十分有趣的书《忧郁的剖析》。伯顿在书中做出了许多

人生总会有办法　思路决定出路

独到而精辟的论断。

他指出，精神抑郁、沮丧总是与懒惰、无所事事联系在一起的。"懒惰是一种毒药，它既毒害人们的肉体，也毒害人们的心灵，"伯顿说，"懒惰是万恶之源，是滋生邪恶的温床；懒惰是七大致命的罪孽之一，它是恶棍们的靠垫和枕头，懒惰是魔鬼们的灵魂……一条懒惰的狗都遭人唾弃，一个懒惰的人当然无法逃脱世人对他的鄙弃和惩罚。一个聪明却十分懒惰的人必然成为邪恶的走卒，是一切恶行的役使者。因为他的心中已经没有勤劳的地位，所有的心灵空间必然都让恶魔占据了，这正如死水一潭的臭水坑中，各种肮脏的爬虫都疯狂地增长一样，各种邪恶的、肮脏的想法也在那些生性懒惰的人的心中疯狂地生长，这种人的灵魂都被各种邪恶的思想腐蚀、毒化了……"

我们必须与懒惰抗争，摆脱这种劣根性的钳制。但是这种抗争是不容易的，一开始总要由一些外力来强制，进而才能逐渐内化为恒定的精神和行为习惯。

一旦养成恒定的勤劳习惯，往往就会拥有一份稳定的愉快心情。一个进入勤劳状态的人，心灵中就不会有长久驻足的懒惰。所以，克服懒惰最直接、最有效的方法就是使自己忙碌起来。

思路突破 养成勤奋的习惯

凡成大事者都相信勤奋是促使自己成功的基本要素，而懒惰者是永远也不会成功的。

天道酬勤，命运掌握在那些勤勤恳恳工作的人手中。对人类历史的研究表明，在成就一番伟业的过程中，一些普通的品质，如公共意识、专心致志、持之以恒等，往往起着很大的作用。即使是盖世天才也不能小视这些品质的巨大作用，一般人就更不用说了。

　　罗伯特·皮尔正是由于养成了反复训练、不断实践这种看似平凡，实则伟大的品格，才成了英国参议院中的杰出人物。当他还是孩子的时候，他父亲就让他站在桌子边练习即席背诵、即席作诗。首先他父亲让他尽可能背诵一些周日训诫。当然，起先并无多大进展，但天长日久，水滴石穿，最后他能逐字逐句地背诵全部训诫内容。后来在议会中他以其无与伦比的演讲艺术——驳倒他的政敌。这实在令人折服，但几乎没有人知道，他在辩论中表现出来的惊人的记忆力正是他父亲严格训练的结果。

　　在一些简单的事情上，反复不断的磨炼确实会产生惊人的结果。拉小提琴看起来十分简单，但要达到炉火纯青的地步需要经过辛苦的反复练习！有一个年轻人曾问卡笛尼学拉小提琴要多长时间。卡笛尼回答道："每天12个小时，连续坚持12年。"很多成功人士恪守勤奋是金这一原则。一个芭蕾舞演员要练就一身绝技，不知道要流下多少汗水，吃多少苦。泰祺妮为了她的演出，必须接受她父亲的严训。累得筋疲力尽，她想躺下，但她不能脱下衣服，只能用海绵擦洗一下额头，借以恢复精力。有时，甚至累到完全失去知觉了。舞台上那灵巧如燕的舞步，令人心旷神怡，但这又来得何其艰难。台上一分钟，台下十年功。这十年功的酸甜苦辣，泰祺妮作为一个芭蕾舞演员有着深刻的体会。

守时没有借口

　　如果错过了与人约定的时间，那么你失去的也许仅仅是信任；但如果你连与自己约定的时间都错过了，那么你失去的就不仅仅是时间，甚至可能是人生的方向。

　　拿破仑说，他之所以能打败奥地利人，是因为奥地利人不懂得5分钟的价值。在滑铁卢一战中，拿破仑的失败也与他没有把握好时间有关。

　　许多浑浑噩噩，最终一事无成的人的失败，仅仅是因为没有把握好当初关键的5分钟。失败者的墓碑上字里行间都充满了这样的警示："太晚了！"往往就在几分钟之间，胜利与溃败、成功与失败就会转手易人。

　　所以，我们说恪守时间是工作的灵魂所在，它同时也代表了明智与信用。

商业界的人士都懂得，商业活动中某些重大时刻往往会决定以后几年的业务发展状况。如果你到银行晚了几个小时，票据就可能被拒收，而你借贷的信用就会荡然无存。守时，还代表了彬彬有礼、温文尔雅的风范。有些人总是手忙脚乱地完成工作，他们总是急匆匆的样子，给人的印象就好像他们总是在赶一辆快要启动的火车一样。他们没有掌握正确的做事方法，所以很难有大的成就。

总之，每个人都应该有一块表可以随时看时间。事事习惯"差不多"是个坏毛病，从长远来看更是得不偿失。

一个青年跟应聘公司约好了面试时间。但到了面试那天，他却未能准时赴约。20分钟后，这个青年才匆匆赶来。公司的部门经理问他迟到的原因，他支支吾吾地说："迟到一二十分钟，也没什么关系吧！"

部门经理很严肃地对他说："能否准时赴约是一件极为重要的事情。由于你不能准时赶到，你已经失去了初试的机会。而且，你也没有权利看轻我的时间，认为让我等20分钟是不要紧的，因为我还有很多事要做呢！"

这个青年听后深受震动，从此养成了守时的习惯，最终他取得了成功。

思路突破 戒掉拖沓的习惯

拖沓的习惯会毁掉一个人的前程。

办事拖沓的人，就是在浪费时间。这种人花许多时间思考要做的事，担心这个担心那个，找借口推迟行动，又为没有完成任务而悔恨。在这段时间里，其实他们本来是能完成任务而且进入下一步工作的。

有几个办法可以有效地对付拖沓：

★确定一项工作是否非做不可

有时，我们感觉到一项工作不重要，于是做起来就拖拖拉拉。如果这项工作真的不重要，就把它取消，而不要拖延后又后悔。有效分配时间的重要一环，就是把可有可无的工作取消掉。应该把你的日程表中乱七八糟的东西清除掉。

★养成好习惯

有拖沓习惯的人，要完成一项任务的一切理由都不足以使他们放弃这个消极的工作模式。如果你有这个毛病，你就要重新训练自己，用好习惯来取代这个坏习惯。每当你发现自己有拖沓的倾向时，静下心来想一想，确定你的行动方向，然后再自我提醒：我最快能在什么时候完成这个任务？定出一个最后期限，然后努力遵守。渐渐地，你的工作模式就会发生变化。

自大的人会葬送自己

一个人的能耐总是十分有限，没有一个人样样精通，当你自以为拥有一些才艺时，你要记住，你还十分欠缺功力，而且会永远欠缺。不然，失败就离你不远了。

从前，有一位博士搭船过江。在船上，他和船夫闲谈。他问

船夫："你懂文学吗？"船夫回答："不懂。"博士又问："那么历史学、动物学、植物学呢？"船夫摇摇头。博士嘲讽地说："你样样都不懂，是个饭桶。"

过了一会儿，天色忽变，风浪大作，船即将倾覆，博士吓得面如土色。船夫就问他："你会游泳吗？"博士回答："不会。我样样都懂，就是不懂游泳。"

正说着船就翻了，博士大呼救命。船夫一把将他抓住，把他救上岸，笑着对他说："你所懂的，我都不懂，你说我是饭桶；但你样样都懂，就不懂游泳，要不是我这个饭桶，恐怕你早已变成水桶了。"

有的人总是把自己看得很重要，我们要切记这样一个道理：自大是失败的前兆。

自大往往不是空穴来风，自大的人总有一些突出的地方。这些突出的特长，使他们较之别人有一种优越感。这种优越感达到一定程度，便使人目空一切，飘飘然而不知天高地厚。

曾国藩和左宗棠都是清朝的大臣，朝野一般多以"曾左"并称他们两人。曾国藩年长于左宗棠，并且对左宗棠也予以提拔，但左宗棠为人颇为自大，从没有把曾国藩放在眼里。

有一次，他很不满地问其身旁的侍从："为何人们都称'曾左'，而不称'左曾'？"

一位侍从回答："曾公眼中常有左公，而左公眼中则无曾公。"这句话让左宗棠沉思良久。

聪明的人知道自己愚笨，而愚笨的人总以为自己聪明。

左宗棠喜欢下棋，而且棋艺高超，少有敌手。有一次，他微服出巡，在街上看到一个老人摆棋阵，并且在招牌上写着"天下第一棋手"。左宗棠觉得老人太过狂妄，立刻前去挑战。没有想到老人不堪一击，连连败北。左宗棠扬扬得意，命他把那块招牌拆了。

左宗棠从新疆平乱回来，见老人居然还把牌子悬在那里，他很不高兴，又跑去和老人下棋，但是这次竟然三战三败，被打得落花流水。第二天再去，仍然惨遭败北，他很惊讶老人在这么短的时间内，棋艺能进步如此之快。

老人笑着说："当日你虽然微服出巡，但我一看就知道你是左公，而且即将出征，所以让你赢，好使你有信心立大功。如今你已凯旋归来，我就不客气了。"

左宗棠听了心服口服。

左宗棠曾有自大的习惯，但他知错能改，最终成为谦谦君子。

 **思路突破** 活到老，学到老

如果你有"活到老，学到老"的习惯，就应当记住"三人行，必有我师焉"。你每天所遇见的每个人，都能使你增益知识。假使你遇见一个印刷匠，他能教你许多印刷的技术；一个泥水匠，能告诉你建筑方面的技巧……

尽力从每一个可能的地方摄取知识，这是使人知识广博的一种途径。广博的知识，可以使人胸襟开阔，不至于狭隘、鄙陋。善于学习的人能够从多方面去接触社会、领会人生；这样的人大都是饶有趣味的人，因为他们有丰富的知识和经验。

　　有一些成年人总以为人一过了接受能力最强的青年时期，就成了强弩之末，再受教育已太迟了。

　　然而，也有许多孜孜好学的中年人和老年人，他们继续积累知识，利用全部的空闲时间，全神贯注地摄取知识，从而使自己成为一个更充实的人。

　　对于某些科目，中老年人的学习力要比青年强得多，因为他们有更多的经验、更成熟的见解、更强的判断力。

　　有许多人在学校的时候成绩平平，但毕业后继续自修，往往有惊人的表现，原因也就在此。

第十二章

赢在影响力：影响力影响你一生

第一印象很重要

第一印象是人际交往中非常重要的一环，因为它是在对其人一无所知的情况下获得的，故嵌入大脑的程度较深；并且它对今后输入的关于此人的信息，将产生不可忽视的作用。别人会根据我们的"封面"来判断我们所包含的内容；我们也通过观察别人的外表，包括长相、身材、服装、言语、声调、动作等来判断他们。

我们常听人讲："一看就知道他是一个……的人。"这就是第一印象。第一印象在人的社会活动中起着巨大的作用，但常常被人们忽视，如果你不想错失任何成功的机会，别忘记第一印象的作用。

在心理学上，第一印象被称为"首因效应"。大部分人依赖于第一印象的信息，这种第一印象的形成对于日后的决定起着非常大的作用。第一印象比第二印象、第三印象和日后的了解更重要。第一印象是决定人们是否能继续交往的关键。

心理学家研究发现，人们的第一印象的形成是非常短暂的，有人认为是在见面的前40秒钟形成的，有人甚至认为只有2秒钟。

人与人之间能否建立良好的友情，能否建立信任与合作关系，第一关就在初次见面，必须好好表现才可能有下一次机会。

第一印象只有一次，无法重来。不可能因身体不适、情绪欠佳而宣布改期。所以，有人打趣地说：第一印象犹如童贞，一旦失去，便永不再来。

思路突破 如何获得良好的第一印象

人际交往中，第一印象是极为重要的，它是一种关系的开始。良好的第一印象是沟通和合作的见面礼，也是发挥影响力的开端。通过以下方法，可以获得良好的第一印象：

★展现发自内心的灿烂微笑

微笑是一种友好的表示。在与客户或他人初次见面时，脸上洋

溢着微笑，会给对方以亲切的感觉，而这种感觉正是陌生人之间第一次打交道时所渴望得到的。发自内心的微笑会让对方得到这样的信息："很高兴认识您，您让我开心，我喜欢您……"微笑会使对方觉得被人重视和喜欢，而每个人都喜欢这种被尊重的感觉。

★适当运用肢体语言

除了微笑这样的面部表情外，充满活力和友善的肢体动作，也是获得良好第一印象非常重要的因素。身体所发出的是无声的语言，但带给对方的影响极大。因此微笑的同时也要展现出健康、活力四射的体态和动作，如站得笔直，面朝对方；大方有力地握手，同时直视对方并点头。不卑不亢的礼仪风度会增添肢体语言的魅力，从而给对方留下深刻的印象。

★鼓励对方介绍自己

初次见面，双方都不了解对方的基本情况，又都渴望让对方了解自己。所以，鼓励对方介绍自己，正是极大地满足了对方的需求。你对对方真正地感兴趣，耐心地倾听对方讲述他的经历、工作、家庭等，既让对方感到愉快，也可以更多地了解对方的情况，为以后的合作或沟通打下良好的基础。

人格就是力量

莫洛是纽约著名的摩根银行的董事长兼总经理，突然有一天，他宣布放弃这个100万美元年薪的职位，去担任美国驻墨西哥大使！消息传开，全国为之震惊。

这位大名鼎鼎的莫洛，最初不过是法庭的一个小书记员而已，后来他的事业得以如此惊人的发展，究竟靠的是什么法宝呢？我们要想明白其中的奥秘，不妨先听听他的朋友是怎么说的。

他的挚友吉尔普特说："莫洛一生中最重要的一件事，我知道得很清楚，就是他博得了财阀摩根的青睐，从而成为全国瞩目的商业巨子，当上了实力雄厚的摩根银行的总经理。"

据说摩根挑选莫洛担任这一要职，不仅是因为他在金融界享有盛誉，而且是因为他品格也非常高尚。

纽约市银行行长范登里普挑选行政助理时，首先便是以人格高尚为遴选的标准。

杰弗德便是从一个会计，步步高升，最终成为美国电报电话公司总经理的。他说："人格在一切事业中都极其重要，这是毋庸讳言的。"

像摩根、范登里普、杰弗德等成功人士，都非常看重人格。他们认为，一个人的最大财产，便是"人格"。

思路突破 领导者如何培养人格魅力

领导者的人格魅力，不是从天上掉下来的，也不是人的身上所固有的，而是在后天的不断实践中磨炼出来的。那么，领导者该怎样去培育和增强自身的人格魅力呢？

★大胆探索创新

人格魅力，作为一种艺术，没有什么固定不变的模式，只可意会，不可言传。对他人的东西机械地模仿，极易出现"东施效颦"的现象。这就要求领导者勇于探索，大胆创新，在不违背国家利益和道德准则的前提下，为他人之未为，道他人之未道，想他人之未想。只有这样，才能在强手如林的商战中脱颖而出。

★认真学习实践

领导者人格的塑造、影响力的形成，当然离不开个人的修养，特别是离不开远大理想的作用。没有主观的要求，就不会有人格的升华。但是，仅有主观要求还是不够的，还必须把这种要求变为社会实践。只有在实践中刻苦学习，认真磨炼，才能实现主观与客观的统一。

把握自我

惯于受制于人者，言谈中就会流露出推卸责任的个性。例如：

"我就是这样。"仿佛是说：这辈子注定改不了啦。

"他使我怒不可遏！"意味着：责任不在我，是外力控制了我的情绪。

"办不到，我根本没时间。"又是外力控制了"我"。

"要是某人的脾气好一点……"意思是：别人的行为会影响我的效率。

"我不得不如此。"意味着：迫于环境或他人。

下面让我们来看一下"受制于人"和"操之在我"两种状态的区别，以及所带来的截然不同的两种结果。

受制于人	操之在我
我已无能为力	试试看有没有其他可能性
我就是这样一个人	我可以选择不同的作风
他使我怒不可遏	我可以控制自己的情绪
他们不会接受的	我可以想出有效的表达方式
我被迫……	我能作出恰当的回应
我不能	我选择
我必须	我情愿
如果……	我打算……

受制于人者为自然环境所左右，在秋高气爽的日子里兴高采烈，在阴霾的日子里无精打采。操之在我的人，心中自有一片天空，天气的变化对他没有什么影响。

受制于人者心情的好坏建立在他人行为的基础上，而理智重于感情的人，不会让别人的行为影响自己。

受制于人者存着"不鸣则已，一鸣惊人"的心愿，落入好高骛远的陷阱，最终叹息自己的"怀才不遇"；操之在我者秉持"脚踏实地，努力耕耘"的理念，用双手打拼，终获甜美的果实。

受制于人者在心情愉悦时才击节高歌；操之在我者处于逆境时仍引吭高歌，保持愉悦的心情。

受制于人者觉得看得见希望时，才努力上进；操之在我者努力上进，创造了希望。

思路突破 操之在我，争取主动

一个推销保险的女士，敲开了一家合资公司办公室的门，迎接她的是外方经理。外方经理操着生硬的中国话说："你是今天第三个推销保险的人。我今天没有时间考虑这个问题。"女士说："我的名片留给你，明天有时间你给我打电话。"女士走到走廊的尽头时，下意识地回头看了看，结果发现外方经理把她的名片撕烂扔在了垃圾筒。

女士觉得自己受到了巨大的侮辱，她回来找到外方经理说："对不起，我知道您很忙，不会记得我。我想要回我的名片，明天

我再来。"外方经理愣住了，因为他已经把她的名片撕毁了。外方经理说："你的名片已经弄脏了，不适合再给你了。"女士回答："脏了我也要。"外方经理问："你的名片多少钱一张？""5毛钱。""给你5毛钱。"外方经理掏出了1元钱，"1元钱买你的名片。"女士说："我的名片是5毛钱，不卖1元钱。我再给你一张名片。但请你记住：这不是一个应该进废纸篓的职业，也不是一个应该进废纸篓的名字。"说完头也不回地走了。外方经理一直看着这个女士消失在走廊尽头。

第二天，外方经理打电话给她，公司要给全体员工买保险。

笑人即笑己

以前有一个秃子，一天他出门，住进一家小店，对面住了个麻子。月光照在麻子的脸上，秃子越看越有趣，就忍不住吟出一首诗：

"脸

天排

糯米筛

雨洒尘埃

新鞋印泥印

石榴皮翻过来

豌豆堆里坐起来"

秃子把麻子骂了个痛快，

有些得意忘形，就对麻子说："老兄，你也能从一个字吟到七个字吗？"

麻子说："你吟罢了，我再模仿便没有味道，我从七个字吟到一个字如何？"麻子就吟出一首诗：

"一轮明月照九州

西瓜葫芦绣球

不用梳和蓖

虫虱难留

光不溜

净肉

球"

秃子一听羞得满面通红，再也说不出话来。戏弄别人，却被他人嘲笑，这便是居心叵测的人的下场。

卡耐基警告人们："要比别人聪明，却不要告诉别人你比他聪明。"这告诉人们，自作聪明会招致别人的厌烦，有损于人际关系的发展。

在日常生活里常会发生此种情形：你觉得和某个人说话很无聊，那个人通常是个言而无信又喜欢说别人坏话的人，此种芥蒂只会使彼此相处得更不融洽。如果你认为对方是个没有内涵的人，不管你是否将此事说出，都会让你的人际关系变糟。

罗宾森教授在《下决心的过程》一书中说过一段富有启示性的话：

"人，有时会很自然地改变自己的想法，但是如果有人说他错了，他就会恼火，而固执己见。人，有时也会毫无根据地形成自己的想法，但是如果有人不同意他的想法，那反而会使他全心全意地去坚持自己的想法。不是那些想法本身有多么可贵，而是他的自尊心受到了威胁……"

因此，不要自作聪明。

思路突破 自嘲一下又何妨

自嘲是一种心理平衡法。

托尔斯泰寓言里的那只狐狸用尽了各种方法，拼命地想得到高墙上的那串葡萄，可最后还是失败了，于是只好转身一边走一边安慰自己："那串葡萄一定是酸的。"

这只聪明的狐狸得不到那串葡萄，心里不免有些失望，但它用"那串葡萄一定是酸的"来解嘲，使失望消解，使失衡的心理得到了平衡。

人的一生，难免会有失误。有的人喜欢遮遮掩掩，有的人喜欢辩解。其实越是遮遮掩掩，心理越是失衡；越是辩解，越是出丑，结果越描越黑。最佳的办法是学会嘲笑自己。

美国著名演说家罗伯特，到老年后整个脑袋几乎成了不毛之地，可他从来不去掩饰这一缺点，相反，他在许多场合用自嘲来化解这种尴尬。在他过60岁生日那天，许多朋友前来庆贺，妻子悄悄地劝他戴顶帽子。而罗伯特不仅没有这样做，反而故意大声对来宾说："我的夫人劝我今天戴顶帽子，可是你们不知道秃头有多好，我是第一个知道下雨的啊！"一句看似嘲笑自己的话，一下子让现场的气氛变得热烈起来。

控制自己的情绪

1965年9月17日，世界台球冠军争夺赛在美国纽约举行。路易斯·福克斯的得分一路遥遥领先，只要再得几分便可稳拿世界冠军了。就在这个时候，他发现一只苍蝇落在主球上，他挥手将苍蝇赶走了。可是，当他俯身准备击球的时候，那只苍蝇又飞回到主球上来了，他在观众的笑声中再一次起身驱赶苍蝇。这只讨厌的苍蝇破坏了他的情绪，而更为糟糕的是，苍蝇好像是有意跟他作对似的，他一回到球台，它就又飞回到主球上来，引得周围的观众哈哈大笑。路易斯·福克斯的情绪恶劣到了极点，终于失去了理智，愤怒地用球杆去击打苍蝇，球杆碰到了主球，裁判判他击球违例。他因而失去了一轮机会。之后，路易斯·福克斯方寸大乱，连连失分，而他的对手约翰·迪瑞则愈战愈勇，超过了他，最后夺得了桂冠。第二天早上，人们在河里发现了路易斯·福克斯的尸体，他投河自杀了！

一只小小的苍蝇，竟然击倒了所向无敌的世界冠军！路易斯·福克斯夺冠不成反被夺命，这是一件本不该发生的事情。

一位在酒店行业摸爬滚打多年的老总说："在经营饭店的过程中，几乎天天都会发生能把你气得半死的事。当我在经营饭店并为生计而必须与人打交道的时候，我心中总是牢记两件事情，第一件是：绝不能让别人的劣势战胜你的优势；第二件是：每当事情出了差错，或者某人真的使你生气了时，你不仅不要大发雷霆，而且要十分镇静，这样做对你的身心健康是大有好处的。"

一位商界精英说："在我与别人共同工作的一生中，多少学到了一些东西，其中之一就是，绝不要对一个人喊叫，除非他离得太远，不喊听不见。即使那样，也得确保让他明白你为什么对他喊叫，对人喊叫在任何时候都是没有价值的，这是我一生的经验。喊叫只能制造不必要的烦恼。"

思路突破 操之在我，控制情绪

人的情绪表现受众多因素的影响，例如他人的言语、突发事件、个人成败、环境氛围、天气情况、身体状况等。但这些因素都可以按照来源分为外部因素（或刺激）和内部因素（看法、认识）。两种因素共同决定了人的情绪表现和行为特征，其中人的观点、看法和认识等内部因素直接决定人的情绪表现，而个人成败、恶言恶语等外部因素则通过影响情绪内因而间接决定人的情绪表现。

在现实社会生活中，人们总是会因为不顺心的事情而大发脾气或情绪低落。丢东西时惊慌、谩骂，受到指责时愤愤不平，遭到侮辱时挥拳相向，失恋时借酒消愁，屡遭失败时灰心丧气，遇到难题时顿足捶胸，被人冤枉时火冒三丈，身体不适时心烦意乱……这些情况似乎让人感觉，个人的情绪表现是由这些不顺心的事情直接决定的。

但事实并非如此，只是因为个人在成长的过程中形成了太多固定的思维模式，当受到"不顺心"的环境事件的刺激时，人们总是本能地认为那是不好的事情，进而将思维延伸到事情对未来的影响。而这种影响也往往是坏的，也就是说，人们总是会往坏的方面想，而无视事情积极的方面。所以，正是由于个人的看法、认识等内因对外部刺激形成的固定的反应，才使得外因更多地直接决定了个人情绪。

操之在我的情绪管理技巧则要求人们能够灵活地调整内因对外因的固定反应，当外部刺激可能导致个人情绪、行为的恶性变化时，人的看法、认识要能够能动地自我调整，逆向思维，发掘积极的因素，限制外部刺激对情绪、行为的不良作用，保证情绪的稳定、乐观和行为的积极、正常。操之在我的方法能够变悲为喜、缓解矛盾、抑制愤怒，使一个人心胸开阔、轻松愉快、处事冷静。

莫做"玻璃鱼"

一家公司的人事部经理将自己的办公室刻意地安排在电梯出口的正对面。这位经理几乎每天早上都是第一个到公司；中午则是在办公桌上用餐，从不外出；晚上要等所有人都走了之后，他才离开。他办公室的大门永远都敞开着，每个经过的员工都看见他专心地坐在那里办公。然而有一天，常务董事忽然出现在他的门口，问他为什么每天都得在办公室内待上这么久、到底在忙些什么。他顿时哑口无言。

这位人事部经理思想中出现的谬误是，他以为凭借一个刻意制造出来的假象，便能在其他员工心目中产生影响。殊不知，这实在是一种很不明智的做法，一旦将自己全部暴露出来，其负面影响是巨大的。而聪明的做法是积极去培养具有极大魅力的个性，这才是产生影响力的法宝。

另外，有些领导者不能很好地掌控自己的情绪，让心中所有的情绪波动都在员工的视野中展露无遗，这对树立领导者的权威形象是有害无益的。一个动辄发脾气、拍案骂人的领导，尽管他有健康的私生活、守时和果断的品质，却也逃不过众叛亲离的结局。没有人希望自己的工作一团糟，更没有人愿意被上司拍桌子骂，员工一旦做错事，除非决定开除他，否则做领导的必须与他分担责任。如此才能使员工更信服，并且更大胆地去处理一些棘手问题。

倘若员工像领导一样，遇上难题便肆意咆哮，那么办公室里必然出现精神压力问题，每天上班如上战场般随时可能被别人轰炸，这样的心理负担会直接影响工作的效率。

思路突破 打造你的个性魅力

在所有最具影响力的人物的基本特点中，个性吸引力至关重要，这种吸引力来自信念的力量。

我们很难拒绝或忽视对自己的梦想信心百倍的人，他们实现了难以实现的目标，说服了极不坚定的追随者。这些成绩斐然的人善于积聚一种强大的吸引力，就像地球引力一样，人们一下子就被吸引了。

他们身上具有某种"气质"，这种"气质"无论在舞台上、社会环境里，还是在商务会议上，都能吸引人。正如有人在评价一个知名学者时说的那样："无论他坐在桌子的哪一方，都是上座。"美国著名化妆品公司——玫琳凯公司总裁玫琳凯·阿什，在个性上就具有教皇般的感召力，每当遇到困难时，其员工就会背诵她

那史诗般恢弘的训词，借以获得鼓舞，甚至在领取品牌大奖时也不例外。

美国传媒女皇奥普拉就是具有个性魅力的典范。奥普拉的杀手锏就是她的超凡个性，借此她能凝聚成千上万的电视观众。在她花样翻新的功夫中，正是她的诚挚、激情和幽默使她能够单骑走天涯。

每个生命都不卑微

著名企业家迈克尔出身贫寒，在从商之前，他曾是一家酒店的服务生，干的就是替客人搬行李、擦车的活儿。

有一天，一辆豪华的劳斯莱斯轿车停在酒店门口，车主人吩咐一声："把车洗洗。"迈克尔那时刚刚中学毕业，还没有见过世面，从未见过这么漂亮的车子，不免有几分惊喜。他边洗边欣赏这辆车，擦完后，忍不住拉开车门，想坐进去享受一番。这时，正巧领班走了过来。"你在干什么？穷光蛋！"领班训斥道，"你不知道自己的身份和地位吗？你这种人一辈子也不配坐劳斯莱斯！"

受辱的迈克尔从此发誓："这一辈子我不但要坐上劳斯莱斯，还要拥有自己的劳斯莱斯！"他的决心是如此强烈，以至于这成了他人生的奋斗目标。许多年以后，当他事业有成时，果然买了一部劳斯莱斯轿车！

如果当初迈克尔也像领班一样认定自己的命运，那么，也许今天他还在替人擦车、搬行李，最多做一个领班。

高普说："并非每一次不幸都是灾难，早年的逆境通常是一种幸运，与困难作斗争不仅磨炼了我们的人生，也让我们为日后更为激烈的竞争积累了丰富的经验。"

每个人都不卑微，只要我们勤于思考，善于发掘并利用自己的才能，就会取得很大的成功。

思路突破 不懈追求才能羽化成蝶

有一条毛毛虫，它一缩一伸、一伸一缩，终于爬上了一片树叶，从这里它能观望四周昆虫们的活动。它好奇地看着它们唱呀，跳呀，跑呀，飞呀，一个比一个来劲儿。在它的身边，一切生命都尽情地展现着它们的活力。可就只有它，可怜巴巴的，没有清脆响亮的歌喉，天生不会跑、不会飞，它只能蠕动

着，连这样一点点的移动都深感不易。当毛毛虫艰难地从一片叶子爬到另一片叶子上，它觉得它似乎走了漫漫征程，周游了整个世界。它从来不抱怨自己命运不好，也从不嫉妒那些活蹦乱跳的昆虫们。它知道，昆虫各有各的不同。它呢，只是一条毛毛虫，当务之急是学会吐出细细亮亮的柔丝，好用这些细丝编织起一个结结实实的茧子来。

毛毛虫没有时间胡思乱想，它得使劲儿干，在有限的时间里把自己从头到脚严密地包裹在一个温暖的茧子里。

"那么接着我该做什么呢？"它在与世隔绝的全封闭的小茧屋里自问道。

"该做的事会一件一件来的！"它仿佛听到有人在回答它，"耐着点儿性子吧，马上就会知道下一步该做什么了！"

终于，它熬到了清醒的时候，发现自己已经不再是从前那条行动笨拙的毛毛虫。它灵活地从小茧屋中爬出来，摆脱了那个狭小的天地，此时，它惊喜地看到自己已经长出了一对轻盈的翅膀，五彩斑斓、鲜丽可爱。它快活地扇了扇，它的身子简直像羽毛一样轻盈。于是它翩翩地从这片叶子上飞起，在那片叶子上落下，飘飘逸逸。

在现实生活中，很多人企图不劳而获，结果都为此付出了惨重的代价，或越来越贫穷，或走上了邪路。天上不会掉馅饼，想要收获，就必须付出自己的努力。当我们看到美丽的蝴蝶时，不要忘记这是丑陋的毛毛虫付出了艰苦努力的结果！

学会从失败中获取经验

做一件事情失败绝不意味着你的整个人生都是失败的，失败只是暂时的受挫，不要把它当成生死攸关的问题。不要被失败所困，花点时间找出失败的原因，并从中汲取教训。如果你不能摆脱失败的阴影，那么你将会裹足不前。

相传清朝康熙年间，安徽青年王致和赴京应试落第后，决定留在京城，一边继续攻读，一边学做豆腐谋生。可是，他毕竟是个年轻的读书人，没有做生意的经验。夏季的一天，他所做的豆腐剩下不少，只好用小缸把豆腐切块腌好。但日子一长，他竟忘了有这缸豆腐，等到秋凉时想起来了，腌豆腐已经变成了"臭豆腐"。王致和十分恼火，正欲把这"臭气熏天"的豆腐扔掉时，转而一想，虽然臭了，总还可以留着自己吃吧。于是，就忍着臭味吃了起来，然而，奇怪的是，臭豆腐闻起来虽有股臭味，吃起来却非常香。

于是，王致和便拿着自己的臭豆腐去给朋友吃。好说歹说，别人才同意尝一口，没想到，所有人在捂着鼻子尝了以后，都赞不绝口，一致认为此豆腐美味可口。王致和借助这一错误，改行专门做臭豆腐，生意越做越大，而影响也越来越广。最后，连慈禧太后也慕名品尝美味的臭豆腐，并对其大为赞赏。

从此，王致和臭豆腐身价倍增，还被列入御膳菜谱。直到今天，许多外国友人到了北京，都还点名要品尝这所谓"中国一绝"的王致和臭豆腐。

腌豆腐变臭这次失败，改变了王致和的一生。

所以在人生路上，遇到失败时我们要学会转个弯，把它作为一个积极的转折点，选择新的目标或探求新的方法，把失败作为成功的新起点。

学会从失败中获取经验，你就会获得最后的成功。

爱迪生从自己"屡败屡战"的经历中总结出一条宝贵的经验。他说："失败也是我需要的，它和成功一样对我有价值。只有在我知道一切做不好的方法以后，我才知道做好一件工作的方法是什么。"从这个意义上，我们应该认识到挫折和险境未必不是机遇，我们不仅要把成功视为珍宝，也要把失败看作财富。

失败是生活的一个组成部分，是有所进取、求变创新和参与竞争的过程中一个正常的组成部分。只要你进取，就必然会有失误；只要你还活着，就绝不是彻底失败！既然如此，失败又有什么可怕的呢？

思路突破 掌握反败为胜的诀窍

对于一个志向高远的人来讲，失败只是意味着自己尚未成功。反败为胜，奋起努力，才能铸造新的辉煌。

★专注于自己的优势

一位有名的成功学家曾经花了十几年的时间研究，发现成功者的成功路径各不相同，有一点却是相同的，就是扬长避短，发挥自己的长处，这是成功最大的机会。为此，他建议：要集中70%的精力专注于自己的长处。

著名效率专家博恩·崔西说："人们并不会在事情被搞砸时大惊小怪，倒是会称颂、惊叹那些偶然做出的美好、正确的事。"能力不足是极为正常的，每个人的长处都只在某个方面。如果你想要成为一名成功人士，就应该专注于自己的长处，并努力培养它，这才是自己时间、精力和资源投资的正确方向。

★虚心求教

凡是成大事者都有虚心征询他人意见的好习惯。一个聪明、想有所作为的人，要善于利用各种方法使人主动向他提供意见，并且善于审查这些意见，从中选取有益于自己的加以利用。美国历届总统中，最肯虚心求教于人的，莫过于老罗斯福了。他每遇到一件要事，都要召集相关的人员开会，详细商议。有时为使自己获得更多的参考，他甚至发电报至几千公里外，请他所要请教的人前来商议。而美国早期政界名人路易斯·乔治，以治理政务精明周密而著称，但是他对于自己的学问还是常怀疑。每当他做好了财政预算送交议会审核之前，都会和几位财政专家聚首商议，即使一些极细微的地方，也不肯放过。他的成功秘诀可以一言以蔽之，就是"多多求教于人"。

★坚持到底

罗薇尔太太是美国房地产业著名的房产推销大师，她在经历过一次失败的婚姻之后，开始从事房地产销售。没想到过了一整年，连一栋房子也没有卖出去。而此时她身上只剩下100多美元，她感到万念俱灰。这时，公司举办了一个为期5天的销售课程，她去上了课。从那以后，她成了连续8年的房地产销售冠军。她说了一句发人深省的话："成功者绝不放弃，放弃者绝不成功。"

别坐等别人来帮你

一个村夫独自去山上，遭到一只秃鹰的袭击。秃鹰猛烈地啄着村夫，将他的鞋子和袜子啄成碎片后，便狠狠地啄起村夫的双脚来。

这时有一位打柴人经过，看见村夫鲜血淋漓地忍受痛苦，不禁驻足问他："为什么要忍受秃鹰的啄食呢？"

村夫回答："实在没有办法啊。这只秃鹰刚开始袭击我的时候，我曾经试图赶走它，但是它太顽强了，几乎抓伤我的脸颊，因此我宁愿牺牲双脚。啊，我的脚差不多被啄成碎屑了，真可怕！"

打柴人说："你只要一枪就可以结束它的生命呀。"

村夫听了，尖声叫嚷："真的吗？那么你助我一臂之力，好吗？"

打柴人回答："我很乐意，可是我得去拿枪，你还能支撑一会儿吗？"

在剧痛中呻吟的村夫，强忍着被撕扯的痛苦说："无论如何，我会忍下去的。"

于是打柴人飞快地跑去拿枪。但就在打柴人转身的瞬间，秃鹰突然拔身冲起，在空中把身子向后拉得远远的，以便获得更大的冲力，然后如同一根标枪般，把它的嘴向着村夫的喉头深深啄去。村夫终于等不及援助，扑倒在地。

如果说在这个世界上，只有一个人能帮助你，那个人就是你自己。面对困境，你只有勇敢自救，才能掌控人生的航向，主宰自己的命运。如果你把希望寄托在别人身上，被动消极地等待别人的救助，你无异于把自己的命运交由他人或"上帝"摆布。

思路突破 困境中勇敢自救

在困境中不要有等待他人援助的心理，要学会自己拯救自己。依赖他人的心理会使你消极怠工，让你陷入更危险的境地。

一头驴子不小心掉进一口枯井里，它哀怜地叫着，期待主人把它救出去。驴子的主人召集了数位乡邻出谋划策，却想不出好办法，大家倒是认定反正驴子已经老了，"人道毁灭"也不为过，况且这口枯井迟早也会被填上。

于是，人们拿起铲子开始填井。当第一铲泥土落到枯井中时，驴子叫得更响了，它显然明白了主人的意图。

又是一铲泥土落到枯井中，驴子出乎意料地安静了，人们发现，此后每一铲泥土打在它背上的时候，驴子都会做一件令人惊奇的事情：它努力抖落背上的泥土，将其踩在脚下，把自己垫高一点。

人们不断把泥土往枯井里铲，驴子也就不停地抖落那些打在背上的泥土，使自己再升高一点。就这样，驴子慢慢地升到了枯井

口，在人们惊奇的目光中，从从容容地走出枯井。

这则故事给我们3个启示：第一，假若你现在正身处枯井中，求救的哀鸣换来的也许只是埋葬你的泥土。那么，驴子教会我们走出绝境的秘诀，便是拼命抖落打在背上的泥土，把本来用来埋葬你的泥土变为拯救自己的泥土，即将不利因素转化为有利因素；第二，无论绝望与死亡如何惊天动地，有时候要走出"枯井"也就这么简单；第三，驴子走出枯井时的从容，应该说是现代人，尤其是从困境中走出来的人，在面向未来时，应该达到的一种境界。

"求人不如求己"，凡事都依靠自己的人，就能够从容地把握自己的人生。

成为命运的强者

苦难是孕育智慧的摇篮，它不仅能磨炼人的意志，而且能净化人的灵魂。如果没有坎坷和挫折，人绝不会有丰富的内心世界。苦难毁掉弱者，造就强者。

1899年7月21日，海明威出生于美国伊利诺伊州芝加哥市郊的橡树园镇。他10岁开始写诗，17岁时发表了他的小说《马尼托的判断》。上高中期间，海明威在学校周刊上发表了不少作品。

人生总会有办法 思路决定出路

14岁时，他曾学习过拳击。第一次训练，海明威被打得满脸鲜血，躺倒在地。但第二天，海明威还是裹着纱布来了。20个月之后，海明威在一次训练中被击中头部，伤了左眼，这只眼睛的视力再也没有恢复。

1918年5月，海明威志愿加入赴欧洲红十字会救护队，在车队当司机，被授予中尉军衔。7月初的一天夜里，他的头部、胸部、上肢、下肢都被炸成重伤，人们把他送进野战医院。他的膝盖被打碎了，身上中的炮弹片和机枪弹头多达230余个。他一共做了13次手术，换上了一块白金做的膝盖骨。有些弹片没有取出来，到去世时仍留在体内。他在医院躺了3个多月，接受了意大利政府颁发的十字军勋章和勇敢勋章，这一年他刚满19岁。

1929年，海明威的《永别了，武器》问世，作品获得了巨大的成功。成功后的海明威便开始了他新的冒险生活。1933年，他去非洲打猎和旅行，并出版了《非洲的青山》一书。1936年，他写成了短篇小说《乞力马扎罗的雪》和《麦康伯短暂的幸福生活》。

1939年，他完成了他最优秀的长篇小说《丧钟为谁而鸣》。

日本偷袭珍珠港后，海明威参加了海军，他以自己独特的方式参战，改装了自己的游艇，配备了电台、机枪和几百磅炸药，到古巴北部海面搜索德国的潜艇。

1944年，他随美军在法国北部诺曼底登陆。他率领法国游击队深入敌占区，获取了大量情报，并因此获得一枚铜质勋章。

他靠着顽强的性格战胜了许多在常人看来是不可能战胜的困难和挫折。就在他生命的最后，海明威鼓足力量，做了最后的冲刺。1952年发表的中篇小说《老人与海》给他带来了普利策文学奖和诺贝尔文学奖的崇高荣誉。《老人与海》中的老人是海明威最后的硬汉形象。那位老人遇到了比不幸和死亡更严峻的问题——失败。老人拼尽全力，只拖回一具鱼骨。"一个人生来不是被打败的，你尽可以消灭他，可就是打不败他。"这是老人的话，也是海明威人生的写照。

成功的人有着顽强拼搏的性格，这会让他们在困难和挫折面前越挫越勇，最后成为"真的猛士"，并在历经艰难险阻、风风雨雨后收获了一片属于自己的阳光。

思路突破 磨砺坚忍的意志

坚忍，是克服一切困难的保障，它可以帮助人们成就事业，实现理想。

学会坚忍，人们在遇到大灾祸、大困苦的时候，就不会无所适从；在各种困难和打击面前，就能顽强地生存下去。世界上没有其他东西可以代替坚忍，它是唯一的，也是不可缺少的。

许多人做事有始无终，就因为他们没有足够的坚忍力，他们无法达到最终的目的。一个伟大的人、一个有坚忍力的人绝非这样，他不管情形如何，总是不肯放弃，不肯停止，失败之后，他会含笑而起，以更大的决心和勇气继续前进。

一个希望获得成功的人，要不停地问自己："我有耐心、有坚忍力吗？我能在失败之后，仍然坚持吗？我能不顾任何阻碍，一直前进吗？"

　　你只有充分发挥自己的天赋和本能，才能找到一条通往成功的通天大道。一个下定决心就不再动摇的人，无形之中能给人一种可靠的保证，他做起事来肯干负责，一定有成功的希望。因此，我们做任何事，事先应确定一个目标，之后，就千万不能再犹豫了，应该遵照已经定好的计划，按部就班地执行，不达目的绝不罢休。举个例子来说，一位建筑师打好图样之后，若完全依照图样，按部就班地去动工，一座理想的大厦不久就会成为实物。倘若这位建筑师一面建造，一面又把那张图样东改一下，西改一下，试问，这座大厦还有建成之日吗？成功者的特征是：绝不因受到任何阻挠而颓丧，只知道盯住目标，勇往直前。

　　获得成功有两个重要的前提：一是坚决，二是忍耐。当然意志坚强的人有时也会遇到艰难，碰到挫折，但他绝不会在失败面前一蹶不振。

　　如何培养坚忍的意志？很简单，只要你确定人生的目标，专注于你的目标，那么你所有的思想、行动及意念都会朝着那个方向前进。而当你在前进的途中遭遇困难和障碍时，只要你能保持一颗永不放弃的心，你的意志力就会不断增强，它将助你冲破人生的重重障碍，直抵成功的彼岸。

三分苦干，七分巧干

人们常说：一件事情需要三分的苦干加七分的巧干才能完美。意思是做事要注重寻找解决问题的方法，用巧妙灵活的方法解决难题，不要一味地蛮干。也就是说，"苦"的坚韧离不开"巧"的灵活。做事，若只知下苦功夫，则易走入死道；若只知用巧，则难免缺乏"根基"，唯有三分苦加上七分巧才更容易达到自己的目标。王勉就是深知此道理的人。

王勉是一家医药公司的推销员。一次他坐飞机回公司，竟遇到了意想不到的劫机。通过多方的努力，问题终于得以解决。就在要走出机舱的一瞬间，他突然想到：劫机这样的事件非常重大，应该有不少记者前来采访，为什么不好好利用这次机会宣传一下自己的公司呢？

于是，他立即从箱子里找出一张大纸，在上面写了一行大字："我是××公司的王勉，我和公司的××牌医药品安然无恙，非常感谢搭救我们的人！"

他打着这样的牌子一出机舱，立即就被电视台的镜头捕捉住了。他立刻成了这次劫机事件的明星，很多家新闻媒体都争相对他进行采访报道。

等他回到公司的时候，受到了公司隆重的欢迎。原来，他在机场别出心裁的举动，使得公司和公司产品的名字几乎在一瞬间家喻户晓了。公司的电话都快被打爆了，客户的订单更是一个接一个。董事长当场宣读了对他的任命书：主管营销和公关的副总经理。事后，公司还奖励了他一笔丰厚的奖金。

王勉的故事，说明了一个道理：做任何事情，都要将"苦"与"巧"巧妙结合。正所谓"三分苦干，七分巧干"，"苦"在卖力，"巧"在灵活地寻找方法，只有这样，才更快地走向成功。陈良的故事就说明了这个道理。

思路突破 世上无难事，只怕有心人

陈良出生在一个穷困的山村，从小家里就很困难。17 岁那年，他独自一人带着 8 个窝窝头，骑着一辆破自行车，从小山村到离家100 公里外的城里去谋生。

城里的工作本来就不好找，加上他连高中都没有毕业，学历这

么低，要想找到一份好的工作难上加难。

他好不容易在建筑工地上找到了一份打杂的活。一天的工钱是 2 元钱，这只够他吃饭，但他还是想尽办法每天省下 1 元钱接济家里。

尽管生活十分艰难，但他还是不断地鼓励自己。为此，他付出了比别人更多的努力。两个月后，他被提升为材料员，每天的工资加了一元钱。

靠着自己的不懈努力，他初步站稳了脚跟。之后，他就开始重视方法。他认为，要在新单位站稳脚跟，更多地得到大家的认可，就不能只靠苦干，更要靠巧干。那么，怎样才能做到这点呢？

冥思苦想之后，他终于想到了一个点子。工地的生活十分枯燥，他想，能不能让大家的业余生活过得丰富一点呢？想到这里，他拿出自己省下来的一点钱，买了《三国演义》《水浒传》等名著，认真阅读后，就给大家讲故事。这样一来，晚饭后的时间，总是大家最开心的时间。每天，工地上都洋溢着工友们欢乐的笑声。

一天，老板来工地检查工作，发现他有非常好的口才，于是决定将他提升为公关业务员。

一个小点子付诸实践后就能有这样的效果，他极受鼓舞。于是，他便主动找方法，并运用到工作的各个方面。

对工地上的所有问题，他都抱着一种主人翁的心态去处理。夜

班工友有随地小便的习惯，怎么说都没有用，他便想各种方法让大家文明上厕；一个工友性格暴躁，喝酒后要与承包方拼命，他想办法平息矛盾，做到使各方都满意……

别看这些都是小事，但领导都看在眼里。慢慢地，他成了领导的左膀右臂。

由于他经常主动找方法，终于等来了一个创业的良机。有一天，工地领导告诉他，公司本来承包了一个工程，但由于各种原因，难度太大，决定放弃。

作为一个凡事都爱"三分苦干，七分巧干"的人，他力劝领导别放弃。领导看着他充满热情，突然说了一句话："这个项目我没有把握做好。如果你看得准，由你牵头来做，我可以为你提供帮助。"

他几乎不敢相信自己的耳朵：这不是给自己提供了一个可以自行创业的绝好机会吗？他毫不犹豫地接下了这个项目，然后信心百倍地干了起来。

但遇到的困难是出乎意料的，仅仅是报批程序中需要盖的公章就有十多个，但他还是想办法，一个个都盖下来了。终于项目如期完成了，他掘到了人生的第一桶金。

不久，他便成立了自己的建筑公司，并且事业做得越来越大。

第十四章

责任胜于能力：工作就是解决问题

责任心是成功的关键

松下幸之助说过："责任心是一个人成功的关键。对自己的行为负责，独自承担这些行为的哪怕是最严重的后果，正是这种素质构成了伟大人格的关键。"事实上，当一个人养成了尽职尽责的习惯之后，无论从事任何工作，他都会从中发现工作的乐趣。在这种责任心的驱使下，工作能力和工作效率会得到大幅度提高，当我们把这些运用到实践当中，就会发现，成功已握在自己的手中。

一位超市的值班经理在超市视察时，看到自己的一名员工对前来购物的顾客态度极其冷淡，偶尔还向顾客发脾气，令顾客极为不满，而他自己却毫不在意。

这位经理问清原因之后，对这位员工说："你的责任就是为顾客服务，令顾客满意，并让顾客下次还到我们超市购物，但是你的所作所为是在赶走我们的顾客。你这样做，不仅没有承担起自己的责任，而且还正在使企业的利益受到损害。你懈怠自己的责任，也就失去了企业对你的信任。一个不把自己当成企业一分子的人，就不能让企业把他当成自己人，你可以走了。"

这名员工由于对工作的不负责任，不但危害了企业的利益，还让自己失去了工作。可见，对工作负责就是对自己负责。

对那些刚刚进入职场的大学生来说，对工作负责不但能够使自己养成良好的职业习惯，还能为自己赢得很好的工作机会。但如果缺乏责任感，就只能面临被淘汰的危险。

晓青曾是一家软件公司的程序员。计算机专业的晓青毕业后非常幸运地进入了这家比较大的软件公司工作。上班的第一个月，由于她刚毕业在学校还有一些事情要处理，所以经常请假，加上她住的地方离公司比较远，经常不能按时上下班。好在她专业技术过硬，和同事一起解决了不少程序上的问题，很明显，公司也很看重她的工作能力。

学校的事情处理完了，晓青上班仍像第一个月那样，有工作就来，没有工作就走，迟到，早退，甚至还在上班时间拉同事去逛街。有一次，公司来了紧急任务，上司安排工作时怎么也找不着她。事后，同事悄悄地提醒她，而她却以一句"没有什么大不了的"，让同事无言以对。她认为自己有工作能力就行，其他的不必放在心上。结果可想而知，在试用期结束后的考评中，晓青的业务考核通过了，但在公司管理规章和制度的考核上给卡住了，她只能接受被淘汰的命运。

"没有什么大不了的"，绝不是一位初涉职场的新人或是任何一位员工应该说的话。上班时间逛街是绝对不可以的，接到工作任务，也必须马上回公司。晓青的表现可以说是现在很多大学毕业生的通病，在学校养成的散漫、不守纪律、独来独往的习惯，使他们到团队以后，很难在短时间内改正。如果缺乏应有的责任感，即使能力再强，公司也只能忍痛割爱了，毕竟公司看重的是员工的团队意识。

对工作负责就是对自己负责。所以，任何一名员工都应该对自己的工作负责。

当你对自己的工作负责的时候，你的生活会因此改变很多，你的工作也会因此而改变。其实，改变的不是生活和工作，而是一个人的工作态度。正是工作态度，把你和其他人区别开来。这样一种敬业、主动、负责的工作态度和精神让你的思想更开阔，工作起来更积极。这种改变，会让你重新发现生活的乐趣、工作的美妙。

主动负责，勇于承担责任是成熟的标志。对于责任，人们往往不愿意主动承担，但对那些获益丰厚的好事，邀功请赏者却总是不乏其人。主动承担责任的人是成熟的人，他们善于把握自身的行为，能对自己的言行负责，会做自我的主宰。

李艳在一家大公司从事打字复印工作。一天中午休息时，同事们出去吃饭了，这时，一个董事经过他们部门时停了下来，想找一些资料。这并不是李艳分内的工作，但是她依然回答道："对这些资料我不太清楚，但是，张总，让我来帮助您处理这件事情吧！我会尽快找到这些资料并将它们送到您的办公室。"当她将董事所需要的资料放在他面前时，董事显得格外高兴。

故事到这里并没有结束，2个月后李艳被调到了一个更重要的部门工作，并且薪水提高了30%。那是谁推荐她的呢？不用说也知道，就是那位董事。在一次公司管理会上，有一个更高职位的工作空缺，董事推荐了她。

世界上很少有报酬丰厚却不需要承担任何责任的好事。想要一时不负责任当然有可能，但要免除所有责任就得付出巨大的代价。当责任从前门进来，你却从后门溜走，你失去的可能就是伴随责任而来的机会！对大部分的职位而言，报酬和所承担的责任是成正比的。

主动要求承担更多的责任或自动承担责任是成功者必备的素

质。有些情况下，即使你没有被正式告知要对某件事负责，你也应该努力做好它。

很多人认为自己只是公司里的一名普通员工，没有什么责任可言，只有那些管理者才要承担工作上的责任，但是他们没有意识到，每一个普通员工都有义务、有责任做好自己的工作。老板心里清楚自己需要什么样的员工，没有责任感的员工不可能是一个优秀的员工。就算你是一名最普通的员工，只要你担当起了你的责任，你就是老板需要的优秀员工。

精业才能立业

"无论从事什么职业，都应该精通它。"这句话应当成为一个高效能人士的座右铭。下决心掌握自己职业领域的所有问题，

使自己变得比他人更精通。如果你是工作方面的行家里手，精通自己的全部业务，就能赢得良好的声誉，也就拥有了一种获得成功的秘密武器。

有一个人就个人努力与成功之间的关系请教一位成功人士："你是如何完成如此多的工作的？""我在一段时间内只集中精力做一件事，但我会彻底做好它。"如果你对自己的工作没有做好充分的准备，又怎能因自己的失败而责怪他人、责怪社会呢？现在，最需要做到的就是"精通"二字，但是，很多年轻人随便读几本法律书，就想处理一桩桩棘手的案件，或者听了两三堂医学课，就急于做外科手术——要知道，那个手术关系着一条宝贵的生命啊！这种人注定会是失败者。做事一丝不苟能够迅速培养严谨的品格、获得超凡的智能。它既能带领普通人往好的方向前进，更能鼓舞优秀的人追求更高的境界。因此，如果你想在自己所从事的行业中有所成就，就要下定决心成为行业的专家员工，对行业领域里的所有问题都要比别人更精通。

思路突破 干一行，爱一行，精一行

一位智者曾经说过，如果你能真正制作好一枚曲别针，比你制造一架粗陋的蒸汽机挣得更多。业务水平的高低直接关系着我们的服务、产品、工作质量，同时也关系着集体和个人的利益。要做一个新时期高素质的员工，就必须做到"精业"，对自己所从事的事业精益求精，刻苦钻研业务知识，争取让自己成为公司

的"专家员工"。

业务水平的高低不仅直接关系到我们的工作质量和企业命运，和我们个人的利益也密切相关。

重庆煤炭集团永荣电厂的罗国洲，是一名有着30年工龄的普通员工，从烧锅炉工到司炉长、班长、大班长，至今他仍深深地爱着陪伴他成长并成熟的锅炉运行岗位。就是在这个岗位上他当上了锅炉技师，成为远近闻名的"锅炉点火大王"和锅炉"找漏高手"；就这个岗位，让他感受到了一名工人技师的荣耀和自豪。

罗国洲有一副听漏的"神耳"，只要围着锅炉转上一圈，就能从炉内的风声、水声、燃烧声和其他声音中，准确地听出锅炉受热面哪个部位的管子有泄漏声；往表盘前一坐，就能在各种参数的细微变化中，准确判断出哪个部位有泄漏点。

除了找漏，罗国洲还练就了一手锅炉点火、锅炉燃烧调整的绝活，在用火、压火、配风、启停等许多方面，他都有独到的见解。锅炉飞灰回燃不畅，他提出技术改造和加强投运管理的建议，实施后使飞灰含碳量平均降低到8%以下，锅炉热效率提高了4%，为企业年节约32万元。针对锅炉传统运行除灰方式存在的问题，罗国洲提出"恒料层"运行，实施后，解决了负荷大起大落的问题，使标煤耗下降0.4克／千瓦时，年节约200多万元。

罗国洲学历不高，工种一般，职务很低，但他却成为社会公认的技术能手和创新能手，他的成长经历给我们的启迪就是：干一行，爱一行，精一行，只要努力，就有收获！

除非你确实厌恶了某个行业，否则最好不要轻易转行。因为这样会让你中断学习。每一行都有其苦乐，因此你不必想得太多，关键是要把精力放在工作上，要像海绵一样，广泛吸取这一行业中的各种知识。你可以向同事、主管、前辈请教，还可以吸收各种报章、杂志的信息。另外，专业进修班、讲座、研讨会也都可以参加，也就是说，要在你所干的这一行业中全方位地深度发展。假若你学有所精，并在自己的工作中表现出来，你必然会得到老板的青睐。

把每一个细节做到完美

俗语说"一滴水可以折射整个太阳"，许多大事都是由微不足道的小事组成的。日常工作中同样如此，看似烦琐，不足挂齿的事情比比皆是。如果你对工作中的这些小事轻视怠慢，敷衍了事，到最后就会因"一着不慎"而失掉整盘棋。所以，每个员工在处理细节时，都应当重视。

工作中无细节，要想把每一件事情做到无懈可击，就必须从小事做起，付出你的热情和努力。士兵每天做的工作就是队列训练、战术操练、巡逻排查、擦拭枪械等小事；酒店服务员每天的工作就是对顾客微笑、回答顾客的提问、整理清扫房间、细心服务等小事；公司中你每天所做的事可能就是接听电话、整理文件、绘制图表之类的细节。但是，我们如果能很好地完成这些小事，没准儿将来你就可能是军队中的将领、酒店的总经理、公司的老总。反之，你如果对此感到乏味、厌倦不已，始终提不起精神，或者因此敷衍应付了事，勉强应对工作，将一切都推到"英雄无用武之地"的借口上，那么你现在的位置也会岌岌可危，在小事上都不能胜任，何谈在大事上大显身手呢。没有做好小事的态度和能力，做大事只会成为无本之木，无源之水，根本成不了气候。可以这样说，平时的每一件小事其实就是一个房子的地基，如果没有这些材料，想象中美丽的房子，只会是空中楼阁，根本无法变为实物。在职场中，每一个细节的积累，就是今后事业稳步上升的基础。

有一位老教授说他的经历："在我多年的教学实践中，发觉有许多在校时资质平凡的学生，他们的成绩大多是中等或中等偏下，没有特殊的天分，有的只是安分守己的诚实性格。这些孩子走上社会后参加工作，不爱出风头，默默地奉献。他们平凡无奇，毕业之后，老师、同学都不太记得他们的名字和长相。但毕业几年、十几年后，他们却带着成功的事业回来看老师，而那些原本看来有美好前程的孩子，却一事无成。这是怎么回事？

"我常与同事一起琢磨，认为成功与在校成绩并没有什么必然的联系，但和踏实的性格密切相关。平凡的人比较务实，比较能自律，所以许多机会落在这种人身上。平凡的人如果加上勤能补拙的特质，成功之门必定会向他大大地敞开。"

人都想做大事，而不愿意或者不屑于做小事，想做大事的人太多，而愿意把小事做好的人太少。事实上，随着经济的发展，专业化程度越来越高，社会分工越来越细，比如，一台拖拉机，有五六千个零部件，要几十个工厂进行生产协作；一辆福特牌小汽车，有上万个零件，需上百家企业生产协作；一架波音747飞机，共有几百万个零部件，涉及的企业单位更多。

因此，多数人所做的工作就是一些具体的事、琐碎的事、单调的事，它们也许过于平淡，也许鸡毛蒜皮，但这就是工作，是生活，是成就大事不可缺少的基础。所以，无论做人、做事，都要注重细节，从小事做起。一个不愿做小事的人，是不可能成功的。老子就曾告诫人们："天下难事，必做于易；天下大事，必做于细。"要想比别人更优秀，只有在每一件小事上下功夫。不会做小事的人，也做不出大事来。

思路突破 从大处入手，小处着手

只要能一心一意地做事，世间就没有做不好的事。这里所讲的事，有大事，也有小事，所谓大事、小事，只是相对而言的。很多时候，小事不一定就真的小，大事不一定就真的大，关键在做事者的认知能力。那些一心想做大事的人，常常对小事嗤之以鼻，不屑一顾。做事要从大处入手，小处着手。其实连小事都做不好的人，大事是很难成功的。

一个小小的细节，一件再小不过的事情，往往就蕴含着巨大的危机和决定你一生成败的因素。而那些真正伟大的人物非常清楚这

个道理，他们从来都不轻视日常生活中的各种小事情。

对于每一位职场中人，成功最重要的秘诀之一，就是做好每一件小事。

不因小而失大，不因少而失多。抛弃大小的竞争，抛弃高下的念头，抛弃富贵的欲望，而一心一意从小事做起，就是洗厕所、扫大街，也会比别人打扫得更干净。

越是埋怨自己工作价值渺小的人，真正给他们一份棘手的工作时，他们越是退缩而不敢接受。认真观察你就会发现，那些成功者及伟人都是注意小事的人，因此不要看轻任何一个细小的历练，没有人可以一步登天。认真对待每一件事，你会发现自己的人生之路越来越广，成功的机遇也会接踵而来。

规划自己的职业生涯

社会的不断开放与发展，决定了我们的一生当中很有可能会从事多份不同的工作。也许每过几年就会换一次工作，或者是公司内部调动，或者跳槽到其他公司，或者干脆转行，这些情况都有可能发生。社会变化很快，你现在的知识和技能最终都会被时间所淘汰。为了使自己不被淘汰，你必须不断学习新的知识和技能。

为了防患于未然，你应该经常问自己这样一个问题："我的下一份工作会是什么？"然后根据周围情况的变化和你现在工作的需要，还有未来的潮流来决定你一年以后将从事什么工作、5

年以后从事什么工作。

然后你可以这么问自己："我的下一份事业会是什么？"由于你所在的行业处于不断的变化之中，为了能够拥有成功而幸福的生活，你是否必须进入一个全新的领域？哪个领域最吸引你？如果你能在任何一个行业就业，你会选择哪个行业？……

在这些问题里面，也许最重要的一个问题是：为了能够在以后的日子里拥有高质量的生活，我必须在哪些方面非常优秀？

只有对自己的未来有计划，你才会有一个美好的未来，而预测未来的最好的方法就是自己创建未来。

职业生涯设计的目的绝不只是协助个人达到和实现个人目标，更重要的是帮助个人真正了解自己，并进一步评估内外环境的优势、限制，在"衡外情，量己力"的情形下，设计出合理且可行的职业生涯发展方向。

作家贾平凹的职业生涯的最终定位就充分说明了这一点。他在上大学的时候，因为在校刊上发表了一首顺口溜，于是便开始努力写诗。两年之中写了上千首诗，却反应平平；接着，他写起古诗来，也不怎么样；后来，学写评论、散文、随笔，同样没有突出的成绩；当他的第一个短篇小说发表之后，他才意识到，这种文学形式才是最适合自己的，于是便一发而不可收拾，写了大量短篇小说，从而开始在中国文坛上崭露头角。

贾平凹的经历说明，每一个人不见得都能完全认识到自己的才能。"知己"如同"知彼"一样，绝非易事。正因为这样，每个人根据自身的特点，选择适合成才的目标，是要经过一番摸索、实践的。人无全才，各有所长，亦有所短。所谓发现自己，就是充分认识自己所长，扬长避短。如果你有自知之明，善于找到自己最擅长的工作，你就会获得成功。

我们大多数人都认为对自己足够了解，但其实不然，许多错误的人生抉择即发生在对自己认识不清上。

正确的自我认识，越来越受到各界的关注。哈佛大学的入学申请要求必须剖析自己的优缺点，列举个人的兴趣爱好，还要列出3项成就并做出说明，自我认识的重要性从中可见一斑。通过对自己以往的经历及经验的分析，找出自己的专业特长与兴趣点，这是职业设计的第一步。在第一步的基础上，再对环境、人际关系等方面进行分析，就可以完成自己的职业设计。

思路突破 设计好职业蓝图

找到一份工作，虽然意味着求职历程的结束，但却只是一个人职业生涯的开始。工作的目的并不仅仅是混口饭吃，因此求职者要坚决摒弃那种"有奶便是娘"的想法，必须在求职之初就为自己的职业生涯做好规划，这样才可能使你的人生更精彩。事实上，求职绝不是一个孤立的环节，它跟你的整个人生密切相关。对每一个人来说，职业生涯都有着不同的阶段，不同的阶段都会遇到不同的问题，这些问题就是职业生涯为了考验你而赋予你的任务。如何完成这些任务将关系到你职业的发展方向，你未来的前途也将在不断的提出问题和解决问题的过程中，逐渐露出它清晰的面目。

　　在开始设计职业规划的周期性任务之前，每个人都必须对职场生命有一个清晰的认识，只有这样你才不至于在工作中感到无所适从。因此在这里我们引入了"职业周期阶段"这一概念，从而把每个人的职业生涯分成不同的周期和阶段。也就是说，你在实现职业生涯宏伟目标的过程中，将会经历不同的阶段。在这些周期阶段中，你将会面对一些清晰可见的任务，这些不同的阶段任

务组成了你向职业生涯顶峰攀登的一条崎岖之路，它们也将决定你未来职业发展的方向。

那么，如何规划你的职业蓝图呢？

★20岁至30岁，走好第一步

这一阶段的主要特征，是从学校走上工作岗位，是事业发展的起点。如何起步，直接关系到今后的成败。这一阶段的主要任务之一，就是选择职业。在充分做好自我分析和内外环境分析的基础上，选择适合自己的职业，设定人生目标，制订人生计划。

★30岁至40岁，修订目标

这个时期是一个人风华正茂之时，是充分展现自己的才能、获得晋升、事业得到迅速发展之时。此时的任务，除发愤图强、展示才能、拓展事业以外，对很多人来说，还有一个调整职业、修订目标的任务。人到30多岁时，应当对自己、对环境有更清楚的了解。看一看自己所选择的职业、所选择的人生路线、所确定的人生目标是否符合现实，如有出入，应尽快调整。

★40岁至50岁，及时充电

这一阶段，是人生的收获季节，也是事业上获得成功的人大显身手的时期。到了这个年龄仍一无所得、事业无成的人应深刻反省一下原因何在。重点在自己身上找原因，对环境因素也要做客观分析，切勿将一切都归咎于外界因素、他人之过。只有正确认识自己，找出客观原因，才能解决问题，把握今后的努力方向。此阶段的另一个任务是继续充电。

很多人在此阶段都会遇到知识更新问题，特别是近年来科学技术高速发展，知识更新的周期日趋缩短，如不及时充电，将难以满足工作需要，甚至影响事业的发展。

★50岁至60岁，做好晚年生涯规划

此阶段是人生的转折期，无论是在事业上继续发展，还是准备退休，都面临转折问题。由于医学的进步、生活水平的提高，很多人此时乃至以后的十几年，身体都非常健康，照样工作，所以做好晚年生涯规划十分重要。主要内容应包括以下几个方面：一是确定退休后的二三十年内，你准备干点什么事情，然后根据目标，制订行动方案；二是学习退休后的工作技能，最好是在退休前3年开始着手学习；三是了解退休后再就业的有关政策；四是寻找退休后再就业的机会。

从前面列出的职业生涯中的周期阶段、问题和任务中可见，职业生涯周期中每一个阶段的年龄范围都相当宽泛。不同职业的人经历这些阶段的速度不同，个人方面的因素还强烈地影响着职业生涯的发展速度。个人如何与何时穿越一个组织包含的等级和职能边界，将取决于组织的职业开发程序、个人才干和工作的动机，何时何处需要何种人的情境因素，以及其他难以预料的情况。因此，分析职业生涯的阶段时，最好把它们看作每个人都会以各种不同的方式碰到的一系列范围广泛的共同问题，而不是谋求把它们与特定的年龄或其他生命阶段相符合。

像老板一样思考

像老板一样思考是对员工能力的一个较高层次的要求，它要求员工站在老板的立场和角度上思考、行动，把公司的问题当成自己的问题来思考。它不仅是员工个人能力提升的重要准则，也是提高工作绩效的关键。

在IBM公司，每一个员工都有一种意识——我就是公司的主人，并且对同事的工作和目标有所了解。员工主动接触高级管理人员，与上司保持有效沟通，对所从事的工作更是积极主动，并能保持高度的工作热情。

每一位老板都希望自己的员工像自己一样，站在公司发展的角度来考虑问题。然而由于角色、地位和对公司所有权的不同，员工的心态很难与管理者完全一致。在许多员工看来，"公司的发展是由员工决定的"之类的话只不过是一句空话，这是他们拒绝从老板的角度思考问题的主要理由。

彼得是一位颇有才华的年轻人，但是对待工作总是漫不经心。为此，他的老师汤姆专门找他做过交流，他的回答是："这又不是我的公司，我没有必要为老板拼命。如果是我自己的公司，我相信自己一定会比他更努力，做得更好。"

一年以后，彼得写信告诉汤姆他离开了原来的公司，自己独立创业，开办了一家小公司。"我会很用心地做好它，因为它是我自己的。"在信的末尾他这样写道。汤姆回信对他表示祝贺，同时也提醒他注意，对未来可能遭遇的挫折一定要有足够的思想准备。

半年以后，汤姆又一次得到了彼得的消息，彼得告诉汤姆自己一个月前关闭了公司，重新加入打工族群体，理由是："我发现原来有那么多的事要我去做，我实在是应付不了。"

许多员工的态度十分明确："我是不可能永远打工的，打工只是过程，当老板才是目的。我每干一份工作都在为自己积累经验，等到时机成熟，我会毫不犹豫地自己干。"这是一种值得敬佩的创业激情，但是如果抱着"如果自己当老板，我会更努力"的想法则可能适得其反。很多情况下，我们需要和老板进行"换位思考"，试着站在老板的角度去考虑问题。这样我们每做一件事都会成为日后创业的宝贵经验，等到时机成熟后，我们就可以拥有自己的事业。

思路突破 站在公司的角度看问题

我们经常听到公司员工有这样的说法：

"我这么辛苦，但收入却和我的付出不成比例，我努力工作还有必要吗？"

"这又不是我的公司，我这么辛苦是为了什么？"

公司与员工经常会有冲突，员工常常感到公司没有给予自己公正的待遇，其实，产生这样的想法是因为你和公司所处的角度不同。公司的老板希望你比现在更努力地工作，更加为公司着想，甚至把公司当成自己的事业来奉献。而你站在员工个人的角度来

考虑问题，你自认为已经很努力了，工作占用了你大部分的精力和时间，但公司只给了你不相称的待遇。

你可能感慨自己的付出和受到的肯定与获得的报酬并不成正比，但是你必须时刻提醒自己：你是在为自己做事，你的产品就是你自己。

如果你站在公司的角度思考问题，换个角度，你得出的结论就会不同。如果你是老板，一定会希望员工能和自己一样，将公司当成自己的事业，更加努力，更加勤奋，更加积极主动。现在，当你的老板向你提出这样那样的要求时，你还会抱怨吗？还会产生刚才的想法吗？

我们没有必要把自己的想法强加给别人，但是必须学会从他人的立场来看待问题，这样可以避免很多不必要的麻烦。

从公司的角度出发，将公司视为己有并尽职尽责完成工作的人，才是老板真正器重的人，是终将会获得成功的人。

站在公司的角度，我们要经常地问自己下列问题：

（1）如果我是老板，我对自己今天所做的工作完全满意吗？

（2）回顾一天的工作，我是否付出了全部的精力和智慧？

（3）我是否完成了企业给自己、自己给自己所设定的目标？

（4）我的言行举止是否代表了企业的利益，是否符合老板的立场？

站在公司的角度看问题要求我们能够坦率沟通并解决问题。很多时候，沟通的不顺畅为我们带来了许多不必要的麻烦。你不知道你的老板希望你做什么，不知道公司需要你成为怎样的员工。沉默不能带来顺畅的沟通，更无法让别人知道你或为你带来机会。

老板代表公司，你要学着从公司的角度看问题，就要主动找你的上司或老板，了解他们需要怎样的员工、他们最希望你做些什么。积极主动地改进你的工作，你会发现不仅是你的工作改变了，同事、上司、老板对你的看法也改变了，你离成功更近了，你对于老板而言变得不可替代了。

有时，无须老板一而再、再而三地告诉你要做些什么，你可以主动调整你的工作，在完成本职工作的基础上，向更高的工作目标挑战，熟悉更多其他的工作。当你完全能够胜任更好的工作时，你就获得了成功。当你的工作态度改变了，你对于老板的重要性改变了，你的人生也将随之改变。

把工作当作自己的事业

几乎所有老板心目中卓越员工的标准都是：热爱自己的工作！当你把自己的工作当成事业看待时，你就会对工作充满激情，工作越做越好，你也会变得越来越卓越。

在一个小镇上有3个石匠正在努力工作，一个过路的人问他们在干什么。第一个石匠说："我每天都枯燥地搬石头砌墙。"第二个石匠说："我的工作很重要，我要把墙垒好，这样房子才结实。"第三个石匠则很自豪地说："我的责任十分重大，这是镇上的第一所教堂，我要将它建成小镇的标志！"

同样是砌墙，3个人看待这件事的态度却不一样。第三个石匠心中有百年大教堂，他把自己的工作当作是一项伟大的事业来干，因此他不仅不觉得枯燥无味，反而很有自豪感，他一定会为了心中的那个教堂兢兢业业地干活，并且不会有一丝懈怠，因此他必将是那3个石匠中干得最出色的一个。

工作是每一个人的使命所在，正如蜜蜂的天职是采花粉酿蜜一样。人的天职是工作，如果你不一味地把工作当作一种负担，而是把它当成自己的事业来看待时，你就会产生工作的动力和激情，并从中找到乐趣。日本的"经营之神"松下幸之助是举世皆知的成功企业家，他的经营哲学是：把职业当成自己毕生为之奋斗的事业，日积月累，用心做好每一天的事。松下幸之助常说，自己之所以成功，是因为从内心里把自己的职业当成事业。他指出："我并没有那么长远的规划。只是珍视每一个日日夜夜，做好每一项工作，这是今日我能辉煌的秘诀。当年，我仿佛并没有要建一座大工厂的远大规划。创业初期，一天的营业额仅1日元，后来又期盼一天有2日元，达到2日元又渴望3日元，如此而已，我只不过是努力地做好每一天的工作。"他在一次演讲中还说道："至今每遇到难题的时候，我都扪心自问：自己是否以生命为赌注全力对待这项工作？当我感到非常烦恼苦闷时，往往是因为没有全身心地投入工作。由此我便洗心革面，全力向困难挑战。有了勇气，困难便不称其为困难了。"松下幸之助就是这样工作，才取得了事业的成功。然而，职场中很多人都没有意识到这一点，他们都认为成功只属于少数人，而自己仅仅是一个为了生存而工作的打工仔，自己辛勤劳动、付出时间，就是为了换取一份薪水而已。事实上，当你在思想上认为工作只是谋生的一种手段时，你就只能靠那点微薄的工资勉强度日，永远也不能取得事业上的成功。

真正聪明的员工会善待自己的工作并把工作当成自己的事业。他会让自己忙起来，在忙碌中体会生命的力量和工作的愉悦。他感到他的工作如此之快乐，以至于他没有空闲的工夫来诉说自己是怎样劳苦，我们也就不会听见他有什么抱怨。喜欢发牢骚的总是那些没有做什么工作，而又喜欢干着急的人。他们之所以痛苦并不是因为工作本身，而是由于自己的着急。美国西北大学的校长沃尔特·司科特说："过度工作并不像一般人所想象的那样危险，也不像很多人认为的那样普遍。有许多人把工作过度和实际工作过少而担心工作过多混为一谈。如果一个人一天做完事后很有成就感，那么不管这一天的工作有多么辛苦，他的内心都是舒适和满足的。反之，如果一天下来无所事事，没有成就感，即使这一天过得再清闲，他的内心都是焦灼而失望的。要是一个人对工作怀有浓厚的兴趣，觉得战胜工作的困难就是一种快乐，那么，他不仅不会觉得疲倦，反而会觉得轻松一些。"

思路突破 不只为薪水而工作

大多数人认为工作就是为了赚钱，或者认为自己辛辛苦苦，只是为了老板而工作，自己并没有从工作中获益多少。如果我们被这种心理和观念统治，我们的眼光必然变得短浅，看不清自己的发展道路。

事实上，工作是为老板，更是为自己。为薪水工作的人，很容易被动地工作，刚刚上班就盼望着下班，工作时不愿意付出自己的全部力量，最终埋没了自己的才能，磨灭掉了自己的创造力。

员工为老板工作，老板必须付给员工报酬，这是员工价值的一种体现。但是，除工资之外，任何一家公司和老板其实还给了每一位员工很多东西。员工在工作中获得的报酬除了金钱，最大的收获就是经验，还有就是良好的培训、个人职业品质的提高和个人品德的完善。这些东西，如果员工在企业里工作时能够很好地获得，将会使自己一生受益匪浅。这些无形的东西，再多的金钱都买不来。

一个人要把工作作为谋求长远发展的事业，不要过多考虑自己的薪水有多少，而应该关注工作本身带给自己的报酬，应该时常想到"工作是为老板更是为自己"。

树立及时充电的理念

当今是信息与知识爆炸的时代，这使得我们除不断学习以适应这种社会环境之外，别无选择。现代科学技术发展的速度越来越快，新的科技知识和信息迅猛增加。有一些人在本科毕业、硕士毕业、博士毕业以后就以为自己的知识储备已经完成，足够去应付新时代的风风雨雨，但是事实往往并非如此。在现实社会中，只有那些不断更新自己知识、不断改进自身知识结构的人，才能真正在社会上站住脚。

在这个知识与科技发展一日千里的时代，必须不断地学习，不断地充实自己，不断地成长，才能使自己在职场上始终立于不败之地。用知识及时给自己"充电"，是成大事的基本要求。

在当今时代，你如果不每天学习，不断充电，那么很快就会被飞速发展的社会所淘汰。因此，无论何时何地，每一个现代人都不要忘记给自己充电。只有那些不断充实自己、为自己奠定雄厚基础的人，才能在竞争激烈的环境中生存下去。

只有严格要求自己、不断进取的人，才有资格与人比高下。一个颇有魄力的老总在公司的总结会上说了这样一段话：

　　"美国的大公司，在开办新的分公司或增设分厂时，20世纪50年代出生的人，往往就任主管职位。如果现在公司任命你担任技术部长、厂长或分公司经理的话，你会怎样回答？你会以'尽力回报公司对我的重用，作为一个厂长，我会生产优良产品，并好好训练员工'回答我，还是以'我能胜任厂长的职务，请安心地指派我吧'来马上回答呢？

　　"一直在公司工作，任职10年以上，有了10年以上工作经验的你们，平时不断地锻炼自己、不断地进修了吗？一旦担任主管的时候，有跟外国任何公司一较高下、把工作做好的胆量吗？如果谁有把握，那么请举手。"

　　这位老总环顾了一下四周，发现没有人举手，他继续说："各位可能是由于谦虚，所以没有举手。到目前，很多深受公司、同行和社会称赞的主管，都是因为在委以重任时，表现优异。正是由于他们，公司才有现在的发展，他们都是从年轻的时候起，就在自己的工作岗位上不断进修，不断磨炼自己，认真学习工作要领的人。当他们被委以重任时，能够充分发挥自己的力量，带来良好的成果。"

　　从这个例子中可以看出，只有时常激励自己，不断努力，保持不断进取的精神，才能够在工作中更上一层楼。不断进步，不断学习，这一点无论何时何地都不能改变。

思路突破 积极主动地学习

在一定程度上，你的学习能力决定了你在公司的发展，因为任何工作都是需要学习来不断改进或者创新的。当一个人没有从外界学习新东西的能力或者兴趣时，当一个人不愿意或者没时间思考时，当一个人排斥创新时，他的进步与成长之路也就停止了。

下面是几种适用于职场的学习方法：

★在工作中学习

工作是任何职场人员的第一课堂，要想在当今竞争激烈的职场中胜出，就必须学习从工作中吸取经验，探寻智慧的启发，获取有助于提升效率的资讯。

★努力争取培训的机会

许多公司都有自己的员工培训计划，培训的费用一般列入公司人力资源开发的成本开支。而且公司培训的内容与工作紧密相关，所以争取成为公司的培训对象是十分必要的。为此你要详细了解公司的培训计划，如培训周期、人员数量、时间的长短，还要了解公司的培训对象有什么条件，是注重资历还是潜力，是关注现在还是关注将来。如果你觉得自己完全符合条件，就应该主动向老板提出申请，表达渴望学习、积极进取的愿望。老板对于这样的员工是非常欢迎的，同时技能的增长也是你晋升加薪的能力保障。

★自费进修

当公司不能满足你的培训要求时，也不要放松下来，可以自费进修一些课程。当然首选应是与工作密切相关的科目，其他还可以考虑一些热门的或自己感兴趣的科目。这类培训更多意义上被当作一种"补品"，在以后的职场中会增加你的"分量"。

随着知识、技能的更新越来越快，不通过学习、培训进行更新，适应性自然会越来越差。而老板又时刻把目光盯向那些掌握新技能、能为公司提高竞争力的员工。

未来的职场竞争将不再是知识与专业技能的竞争，而是学习能力的竞争，一个人如果善于学习，他的前途必会一片光明。

第十五章

你和梦想之间，只差一个行动

行动永远是第一位的

英国前首相本杰明·迪斯雷利曾指出，虽然行动不一定能带来令人满意的结果，但不采取行动就绝无满意的结果可言。

因此，如果你想取得成功，就必须先从行动开始。

每天不知会有多少人把自己苦想出来的新构想取消，因为他们不敢执行。过了一段时间以后，这些构想又会回来折磨他们。

天下最可悲的一句话就是："我当时真应该那么做，但我却没有那么做。"经常会听到有人说："如果我当年就开始做那个生意，早就发财了！"一个好创意胎死腹中，真的会叫人叹息不已。一个人被生活的困苦折磨久了，如果有了一个想要改变的梦想，那他已经走出了第一步，但是若想看见成功的大海，只走一步又有什么用呢？

因此，你有了梦想，只有行动起来，最终才能实现自己的梦想。

连绵秋雨已经下了几天，在一个大院子里，有一个年轻人浑身淋得透湿，但他似乎毫不在意，满天怒气地指着天空，高声大骂着：

"你这该千刀万剐的老天呀，我要让你下十八层地狱！你已经连续下了几天雨了，弄得我屋也漏了，粮食也霉了，柴火也湿了，衣服也没得换了，你让我怎么活呀？我要骂你、咒你，让你不得好死……"

年轻人骂得越来越起劲，火气越来越大，但雨依旧淅淅沥沥，毫不停歇。

这时，一位智者对年轻人说："你湿淋淋地站在雨中骂天，过两天，下雨的龙王一定会被你气死，再也不敢下雨了。"

"哼！它才不会生气呢，它根本听不见我在骂它，我骂它其实也没什么用！"年轻人气呼呼地说。

"既然明知没有用，为什么还在这里做蠢事呢？"

"……"年轻人无言以对。

"与其浪费力气在这里骂天，不如为自己撑起一把雨伞。自己动手去把屋顶修好，去邻家借些干柴，把衣服和粮食烘干，好好吃上一顿饭。"智者说。

"与其浪费力气在这里骂天，不如为自己撑起一把雨伞。"智者的话对于我们来说，不失为一句"醒世恒言"。与其在困境中哀叹命运不公，为什么不把这些精力用在改变困境的行动上呢？

坐着不动是永远也改变不了现状的，同样，坐着不动也是永远做不成事业的。俗话说："一分耕耘，一分收获。"没有耕耘，就是没有行动，那就自然不会有收获。不论你是运用大脑，还是运用体力，一定要"动"起来才行。

思路突破 用行动改变现状

一位哲人曾这样说过："我们生活在行动中，而不是生活在岁月里。"要改变你的生活，你首先要行动起来，只有行动才能改变你的现状。

曾目睹两位老友因车祸去世而患上抑郁症的美国男子沃特，在无休止的暴饮暴食后，体重迅速膨胀到了无法自抑的地步，直线逼近200公斤。当逛一次超市就足以让沃特气喘吁吁缓不过气儿时，沃特意识到自己已经到了绝境。绝望之中的沃特再也无法平静，他决定做点什么。

　　打开相册，年轻时的自己是一个多么英俊的小伙子啊。深受刺激的沃特决定开始徒步全美国的减肥之旅，迅速收拾好行囊，沃特带着将近200公斤的庞大身躯出发了。穿越了加利福尼亚的山脉，行走了新墨西哥的沙漠，踏过了都市乡村，旷野郊外……整整一年时间，沃特都在路上。他住廉价旅馆，或者就在路边野营。他曾数次遇到危险，一次在新墨西哥州，他险些被一条有剧毒的眼镜蛇咬伤，幸亏他及时开枪将之打死。至于小的伤痛简直就是家常便饭，但是他坚持走过了这一年，一年后，他步行到了纽约。

　　他的事迹被媒体曝光后，深深触动了美国人。这个徒步行走立志减肥的中年男子，被《华盛顿邮报》《纽约时报》等媒体誉为"美国英雄"，他的故事感动了全美国。不计其数的美国人成为沃特的支持者，他们从四面八方赶来，为的就是能和这个胖男人一起走上一段路。每到一个地方，就会有沃特的支持者们在那里迎接他。

　　当他被美国一个知名电视节目请到现场时，全场掌声雷动，为这个执着的男人欢呼。出版商邀请他写自传，电视台找他拍摄专辑……更不可思议的是，他的体重成功减掉50公斤，这是一个多么惊人的数字！

许多美国人称，沃特的故事使他们深受激励，原来只要行动，生活就可以过得如此潇洒。沃特说这一切让他感到意外："人们都把我看作是一个美国英雄式的人物，但我只是一个普通人，现在我意识到，这是一次精神的旅行，而不仅仅是肉体。"他的个人网站"行走中的胖子"，吸引了无数访问者，很多慵懒的胖子开始质问自己："沃特可以，为什么我不可以？"

徒步行走这一年，沃特的生活发生了巨变。从一个行动迟缓的胖子到一个堪比"现代阿甘"的传奇式人物，沃特用了一年的时间，他的收获绝不仅仅是减肥成功这么简单。放弃舒适的生活，做一种人生的改变，人人都可以做到，但未必人人愿意行动。所以，沃特成功了。

只要付诸行动，没有什么不可以。勇敢地行动起来，创造自己生命的奇迹吧！

业精于勤荒于嬉

对很多人来说，懒散是生活的常态。懒惰的人总是寄希望于明天，在幻想中沉迷于未来的美好；有的人，虽然极想克服这种状态，但往往不知道如何做起，因而日复一日，得过且过。

"业精于勤荒于嬉"出自韩愈的《劝学解》，意思是说学业由于勤奋而精通，但它却荒废在嬉笑声中。古往今来，许多人都是依靠勤奋成就了事业。有个典故说的也是这个道理。战国时期的苏秦，虽然很有雄心壮志，但由于学识浅薄，去了许多地方都无法得到重用。后来他下决心发奋读书，有时读书读到深夜，困得坚持不下去的时候，苏秦就用锥子刺自己的大腿。他就是用这种办法，驱逐睡意，振作精神，后来终于成了著名的政治家。

懒惰从某种意义上讲就是一种堕落，它具有毁灭性，就像一种精神腐蚀剂，慢慢地侵蚀着你。

一位母亲在出门前，怕自己的儿子饿着，给他烙了几张足以吃半个月的大饼；又怕儿子懒得动手，就给他套在了脖子上。然而当她一周后回家时，看到儿子已经饿死了，大饼却剩下一大半。原来儿子只将脖前的饼啃掉，啃完后又懒得用自己的手去转一下，以便吃到另一面。结果就被饿死了。

这个故事虽然有些夸张，却说明了懒惰的恶劣本质。一个连自己的手都懒得抬起，害怕或不愿意付出相应劳动的人，还能奢望拥有什么呢？

懒惰者是不能成大事的，因为懒惰的人总是贪图安逸，遇到一点儿风险就吓破了胆。他们缺乏吃苦实干的精神，总存有侥幸心理。而成大事之人，他们相信"勤奋是金"。不经历风雨怎么见彩虹，一个人怎能随随便便成功？所以，从现在开始，摆脱懒惰的纠缠，不能有片刻的松懈。

业精于勤荒于"懒"。懒惰是学习的大敌，是工作的大敌，是生活的大敌。一个人的懒惰只是个人的不幸，一个民族的懒惰，则是整个民族的悲哀！我们肩负着中华民族伟大复兴的历史使命，全面建设小康社会，需要我们每个人打起十二分的精神，艰苦创业，勤奋工作。

思路突破 美好的生活要靠勤奋获取

一位哲人曾经说过："世界上能登上金字塔顶的生物只有两种，一种是鹰，一种是蜗牛。不管是天资奇佳的鹰，还是资质平庸的蜗牛，能登上塔尖，极目四望，俯视万里，都离不开两个字——勤奋。"

一个人的成长与发展，天赋、环境、机遇、学识等因素固然重要，但更重要的是自身的勤奋与努力。没有自身的勤奋，就算是天资奇佳的雄鹰也只能空振双翅；有了勤奋的精神，就算是行动迟缓的蜗牛也能雄踞塔顶，观千山暮雪，渺万里层云。成功不单是依靠能力和智慧，更要依靠每一个人自身孜孜不倦的勤奋工作。

"勤奋是通往荣誉圣殿的必经之路！"

这是古罗马皇帝临终前留下的遗言。古罗马人有两座圣殿，一座是勤奋的圣殿，一座是荣誉的圣殿。他们在安排座位时有一个顺序，必须经过前者的座位，才能达到后者——勤奋是通往荣誉圣殿的必经之路。

人生路上，要想到达成功的圣殿，唯一的一条道路也是勤奋。

艾伦是一个公司的速记员。一个星期六下午，同事们约好了去看球赛，这时一位律师走进来问艾伦，去哪儿能找到一位速记员来帮忙。艾伦告诉他，公司所有速记员都看球赛去了，如果晚来5分钟，自己也会走。艾伦又说："球赛随时都可以看，工作第一，让我来帮你吧。"

律师问应该付多少钱给艾伦，艾伦开玩笑地回答："哦，既然是你的工作，大约1000元吧。换了别人，我就免费帮忙。"律师笑了笑，向艾伦表示谢意。

艾伦确实是在开玩笑，他早把1000元的事忘得一干二净。但在6个月后，律师却支付他1000元，还邀请艾伦到自己的公司工作，薪水比现在的高一倍。

艾伦只是在不经意间多做了一点点事情，结果却得到如此巨大的回报。所以，比别人勤奋一点点，你将会受益匪浅。

很多人认为，只要完成分配的任务就可以了，其实这样远远不够，你还需要多做一些事情，多承担些责任。也许你的付出无法立刻得到相应的回报，但不要灰心失望，只要你一如既往地投入，回报可能会在不经意间，以出人意料的方式出现。所以，拒绝懒惰，走向勤奋吧，只有这样，你才能拥有一个美好的明天。

绕开好高骛远的行动陷阱

有一个年轻人，给自己定下的目标是做一个伟大的政治家。

而这个年轻人，在定下这个目标之后，他竟然什么都没有去做。

当时他还在读高中，成绩平平。家里人督促他学习的时候，他是这么说的："我的目标是做一个伟大的政治家，做一个伟大人物，读书做什么？"

哦，他的这个目标看来是来自于那些伟大人物的激发。奇怪的是，他到底是怎么想的呢？怎么才能达到目标呢？

高三的时候，他已不专心学习，似乎也不想考大学了，只是看课外书，他看的课外书当然都是一些政治人物传记，像《林肯传》《丘吉尔传》等。除了看伟人传记，他所做的就是玩了。

他可能这样想，很多取得大成就的人也没有读多少书呀。

在生活中，他也开始用大人物的眼光来看待人和事物。比如，他的妹妹和小姐妹闹矛盾了，他以领导者的口气说："你们两个，吵什么嘛！要团结，要和平，不要闹矛盾！"

当老师批评他学习不用功的时候，他也总是"据理力争"。

而他，由于沉浸在伟人梦中，不好好读书，结果没考上

大学。

从他的表现来看，毫无疑问，他是个典型的好高骛远的人。所谓好高骛远，就是不切实际地追求过高的目标。

思路突破 踏实跨出你的每一步

很多人都想在生活中寻找一条成功的捷径，其实成功的捷径很简单，那就是勤于积累，脚踏实地。

很多人常常想通过买彩票、买股票等投机方法获得成功。但往往通过这种方式成功的人却没有几个。

这些人的想法和做法其实离成功很远。那成功的捷径到底是什么呢？答案其实很简单，那就是一步一个脚印地前进。

事情往往是这样的，那些心存侥幸、渴望点石成金的人往往会一无所获、双手空空；而那些看似没有多少进步的人，积累一段时间以后，就会获得成功。因此，必须记住：踏实跨出你的每一步，你就能积少成多，获得成功。

克服拖延的毛病

《明日歌》这样写道："明日复明日，明日何其多！我生待明日，万事成蹉跎。"这说的是拖延给我们的生活带来的影响。生活中拖延的现象屡见不鲜，但拖延久了，事事拖延，就养成了一种习惯，这种习惯势必让你产生拖延心理。拖延心理会让人一事无成，甚至毁掉你的前程。

　　人为什么会被"拖延"的恶魔所纠缠，很大的原因在于当认识到目标的艰巨时所采取的一种逃避心理——能以后再面对的就以后再面对，只要今天舒服就行。拖延就这样成为了"逃避今天的法宝"，而逃避是弱者最明显的特征。

　　有些事情你的确想做，绝非别人要求你做，尽管你想，但却总是在拖延。你不去做现在可以做的事情，却想着将来某个时间再做。这是一种逃避。

　　你拖延得了一时，却拖延不过一世，在你避免失败的同时，你也失去了取得成功的机会。

思路突破　从现在开始行动

　　不要等到明天才做，现在就采取行动吧，即使你的行动不会使你马上成功，但是总比坐以待毙要好。即使行动了不一定成功，但是，没有行动，就不会有成功。

现在必须采取行动。你要一遍又一遍，每一小时、每一天，重复这句话，一直到这句话像你的呼吸一样融入你的生命。而采取行动，要像你眨眼睛一样迅速。任何时刻，当你感到拖延的恶习正悄悄地向你靠近，或者此恶习已迅速缠上你时，你都需要用这句话提醒自己。

总有很多事需要完成，如果你正受到怠惰的钳制，那么不妨从手边的事开始着手。这是件什么事并不重要，重要的是，你要突破无所事事的恶习。从另一个角度来说，如果你想规避某项杂务，那么你就应该从这项杂务着手，立即进行。否则，事情还是会不断地困扰你，使你觉得烦琐无趣而不愿动手。

成功往往属于那些能以行动积极寻求的人。成功往往属于长期艰苦努力工作的人。

采取主动，就能创造属于自己的机会。缜密思虑下策划的行动，是没有任何东西可以取代的。

你可以用各种方法，告诉全世界，你有多么优秀，但是你必须通过行动来证明。要让别人知道你的成就，你应该先付诸行动，让人从行动中看到你的成就。

不要等待"时来运转"，也不要由于等不到而觉得恼火和委屈，要从小事做起，要用行动争取胜利。

记住，立即行动！

制订切实可行的计划

法国作家雨果说过:"有些人每天早上计划好一天的工作,然后照此实行。他们是有效利用时间的人。而那些平时毫无计划,靠遇到事现打主意过日子的人,只有'混乱'二字。"

在明确了工作的目的和任务后,能不能实现它就在于能否进行合理的组织工作。

生物学家沃森在回顾自己的职业生涯时说:"我的助手有一个非常好的习惯,这也是我一直没有替换他的主要原因。他有一本形影不离的工作日记,每天早晨,他都会把前一天写好的工作计划再翻看一遍,而在一天的工作结束后,他要对这一天的工作进行总结,同时把第二天的计划再做出来。"

制订计划是一种很好的行为,它能有效地指导我们的行动,使我们的生活变得井井有条。那么,我们又该如何制订切实可行的计划呢?

史蒂芬·柯维说:"我赞美彻底和有条理的工作方式。一旦在某些事情上投入了心血,就可以减少重复,开启更大和更佳的工作任务之门。"

没有一个明确可行的工作计划,必然会浪费时间,要高效率地工作就更不可能了。试想,如果一个人把资料乱放,就是找个材料都会花个半天工夫,那么他的工作是没有效率可言的。工作的有序性,体现在对时间的支配上,首先要有明确的目的。很多成功人士指出,如果能把自己的工作任务清楚地写下来,便是很好地进行了

自我管理，就会使得工作条理化，因而使得个人的能力得到很大的提高。

只有明确自己的工作是什么，才能从全局着眼安排整个工作，防止每天陷于杂乱的事务之中。明确的办事目的将使你正确地分清各个工作的主次，弄清工作的主要目标，防止不分轻重缓急，既耗费时间又办不好事情。

在制订工作计划的过程中，我们不仅要明确自己的工作是什么，还要明确每年、每季度、每月、每周、每日的工作及工作进程，并通过有条理的连续工作，来保证以正常速度执行任务。在这里，要为日常工作和下一步进行的项目编出目录，这不但是一种不可低估的时间节约措施，也是提醒我们记住某些事情的方法，可见，制订一个合理的工作日程是多么重要。

工作日程与计划不同，计划是对工作的长期打算，而工作日程表是指怎样处理现在的问题。比如今天还有明天的工作，就是逐日推进的计划。有许多人抱怨工作太多又太杂乱，实际是由于他们不善于制定日程表，无法安排好日常工作，有时候反而抓住

人生总会有办法 思路决定出路

没有意义的事情不放，不得不被工作压得喘不过气来。

思路突破 将计划付诸行动

菲尔德爵士指出："制订计划是为了达成计划，计划制订好之后，就要付诸行动去实现它。如果不化计划为行动，那么所制订的计划就失去了意义。"

实际上，制订计划相对容易，难的是付诸行动。制订计划可以坐下来用脑子去想、用笔去写，实现计划却需要扎扎实实的行动，只有行动才能变计划为现实。

很多人都制订了自己的人生计划，但制订了计划之后，便把计划束之高阁，没有投入到实际行动中去，到头来仍然是一事无成。

在这个世界上，想成功没有别的途径，只有行动才是达成计划的唯一途径。

计划制订好后，就不能有一丝一毫的犹豫，而要坚决地投入行动。观望、徘徊或者畏缩都会使你延误时间，以致使计划化为泡影。

不论做什么事情，都必须拼命去做，如果半途而废，还不如不做。最重要的是把全部精神集中在自己的计划上。所以，一旦决定了去做之后，就要集中精力去做。例如，当你在阅读《荷马史诗》时，应将全部精神集中于这部作品上，学习其优美的措辞和诗句，绝对不可以一会儿看看这本，一会儿看看那本。

很多人都有过这样的经历，刚订好计划时颇有磨刀霍霍的干劲，可是过了一段时间后就没劲了，更别提实现计划的自信了。当

你拟妥一项计划后，首先把它写在纸上，当你把计划写下来之后，接下来最重要的一步就是立即让自己行动起来，可别一拖再拖。一个真正的决定必然是有行动的，并且还是立即行动，此时你就要针对自己的计划采取积极的行动。你先别管要行动到什么程度，最重要的是要行动起来，打一个电话或拟一份行动方案都可以，只要在接下来的10天内每天都有持续的行动。当你能这么做时，这10天的行动必然会形成习惯，最终把你带向成功。

用目标为你的行动导航

每一个走向成功的人，无疑都会面临选择方向、确定目标的问题。正如空气、阳光之于生命那样，人生须臾不能离开目标的引导。

有了目标，人们才会下定决心攻占事业高地；有了目标，深藏在内心的力量才会找到"用武之地"。若没有目标，你就不会采取实际行动，自然与成功无缘。

多年前，生活在洛杉矶的15岁的少年约翰·戈达德对自己一生中计划要做的事列了一张清单，上面有127个要实现的目标，他将此清单称为"我的生命清单"。59岁时戈达德已实现了106个目标。他说："我在少年时开列的生命清单，反映了一个少年人的兴趣。尽管有些事情我是永远也无法做到的——例如，登上珠穆朗玛峰和访问月球。然而，确定的目标往往是这样的：有些事情可能超出你的能力。但那并不意味着你得放弃整个梦想。"

现在，他仍然不放弃确定的目标，努力实现目标，包括参观中国的万里长城和访问月球。

可见，是目标所蕴含的神奇推力使戈达德勇往直前，虽然他已不再年轻，但却仍然信心十足。

只要你选准了目标，选对了适合自己的道路，并不顾一切地走下去，终能走向成功。确立了目标并坚定地"咬住"目标的人，才是最有力量的人。目标，是一切行动的前提。事业有成，是目标的赠与。确立了有价值的目标，才能较好地分配自己有限的时间和精力，较准确地寻觅突破口，找到聚光的"焦点"，专心致志地向既定方向猛打猛冲。那些目标如一的人，能抛除一切杂念，聚积起自己的所有力量，全力以赴地向目标挺进。

一个人只要不丧失使命感，或者说还保持着较为清醒的头脑，就决然不会把人生之船长期停泊在某个温暖的港湾，而是重新扬起风帆，驶向生活的惊涛骇浪，领略其间的无限风光。人，不仅要战胜失败，而且还要超越胜利。只有目标始终如一，才能焕发出极大的活力；只有超越生命本身，人生才可以不朽。

有目标的人，就会产生一股巨大的、无形的力量，将自身与事业有机地"融合"为一体。

目标，能唤醒人，能调动人，能塑造人，目标的伟大力量是难以估计的。有明确目标的人，生活必然充实有劲，决不会因无所事事而无聊。目标能使人不沉湎于现状，能激励人不断进取，能引导人不断开发自身的潜能，去摘取成功的桂冠。

思路突破 制订目标的技巧

要成功就要设定目标，没有目标是不会成功的。

而目标的设定也是需要技巧的，当你确立了自己人生的终极目标之后，你就应该为了你的终极目标制订多个向总目标一步步接近的具体目标，然后慢慢执行，最后达到终极目标。

你的计划应根据不同时间长度而有所分别，如1小时、1星期、1年、10年。显然，考虑明年1年的计划与考虑今后10年的计划，那是有很大不同的。你能够而且应该超前计划10年，但是你不能想得很精细，因为不确定的因素太多了。你能够而且应该计划一个小时内要做的事，你也能够很精确地制订这个计划，但是，一个小时对你当然不会有太大的影响。

你可以将自己的目标大致做如下分类：

★长期目标

长期目标仍然与所追求的整个生活方式密切相关——你想从事的职业类型，你是否想结婚，你向往的家庭类型，你追求的总的生活境况。设计将来应当有一些总体性的考虑，在考虑长远计划时，不必拘泥于细节，因为以后的变化太多。应该有一个全局性的计划，但又要具有一定的灵活性。

★中期目标

中期目标是5年左右的目标，它包括渴望得到哪种专门的训练和教育、你生活中的经验。你要能够较好地把握住这些目标，并且在实施中预见你能否达到目的，并按照情况的变化不断调整努力的方向。

★短期目标

短期目标指的是1个月至1年的目标。你要很现实地确定这些目标，并且能够迅速明晰地说出你是否正在实现它们。不要为自己设立不可能实现的目标。人总是希望自己有所进步，但也不能要求过高，以免达不到而挫伤信心。目标要实际，但更要努力去实现。

★小目标

小目标指的是1天到1个月的目标。控制这些目标比控制较长远的目标容易得多。你能列出下一个星期或一个月要做的事，并且你完成计划也是大有可能的（假如你的计划是合理的话）。假如你发现你的目标过大，就要修改它。

图书在版编目（CIP）数据

人生总会有办法：思路决定出路/连山编著．—
北京：中国华侨出版社，2017.4（2019.6 重印）

ISBN 978-7-5113-6783-9

Ⅰ．①人… Ⅱ．①连… Ⅲ．①成功心理—通俗读物
Ⅳ．① B848.4-49

中国版本图书馆 CIP 数据核字（2017）第 089078 号

人生总会有办法：思路决定出路

编　　著：连　山
责任编辑：黄　威
封面设计：施凌云
文字编辑：胡宝林
美术编辑：潘　松
经　　销：新华书店
开　　本：880mm×1230mm　1/32　印张：8　字数：285 千字
印　　刷：三河市吉祥印务有限公司
版　　次：2017 年 7 月第 1 版　　2021 年 6 月第 3 次印刷
书　　号：ISBN 978-7-5113-6783-9
定　　价：36.00 元

中国华侨出版社　北京市朝阳区西坝河东里 77 号楼底商 5 号
邮编：100028
法律顾问：陈鹰律师事务所
发 行 部：（010）88893001　　传　　真：（010）62707370
网　　址：www.oveaschin.com　E-mail：oveaschin@sina.com

如果发现印装质量问题，影响阅读，请与印刷厂联系调换。